畜牧养殖实用技术问答丛书

ROUYANG YANGZHI SHIYONG
JISHU WENDA

肉羊养殖实用
技术问答

农业农村部畜牧兽医局
全国畜牧总站　组编

中国农业出版社
北京

图书在版编目（CIP）数据

肉羊养殖实用技术问答 ／ 农业农村部畜牧兽医局，全国畜牧总站组编．—北京：中国农业出版社，2021.5（畜牧养殖实用技术问答丛书）
ISBN 978-7-109-28721-1

Ⅰ．①肉… Ⅱ．①农… ②全… Ⅲ．①肉用羊–饲养管理–问题解答 Ⅳ．① S826.9-44

中国版本图书馆 CIP 数据核字(2021)第 164179 号

中国农业出版社出版
地址：北京市朝阳区麦子店街18号楼
邮编：100125
责任编辑：王森鹤　周晓艳
版式设计：王　晨　　责任校对：沙凯霖　　责任印制：王　宏
印刷：北京通州皇家印刷厂
版次：2021年5月第1版
印次：2021年5月北京第1次印刷
发行：新华书店北京发行所
开本：880mm×1230mm　1/32
印张：6.75
字数：180千字
定价：52.00元

本书编写人员

主　编　张　莉　孔　亮　贠旭江　李蕾蕾

副主编　周振明　田　莉　毕颖慧　宋　真

编　者（按姓氏笔画排序）

王玉斌　孔　亮　田　莉　毕颖慧

贠旭江　孙亚波　李文麒　李发弟

李佳瑞　李俊杰　李蕾蕾　宋　真

张　莉　张桂杰　张筱涵　陆　健

周振明　胡文萍　柳珍英　韩　旭

鲍晶晶　慕　勇

我国是养羊大国，饲养量及羊肉产量均居世界首位。中国拥有世界六分之一的羊存栏量，出栏量更高达世界三分之一。随着养羊格局的改变，近年来国内肉羊产业不断壮大，羊肉市场消费增加，各类养羊生产主体展现出强大的活力。内蒙古、山西、河北、辽宁、陕西、甘肃、宁夏和青海等省（自治区）农牧交错带的典型区域不仅是我国北方牧区与农区之间重要的生态屏障，而且也是肉羊的重要生产区和羊肉的消费区。目前，肉羊产业养殖带动农牧民致富已经成为各级政府扶贫攻坚的重要抓手，农牧区交错区肉羊产业健康快速发展也将成为实施乡村振兴战略目标的重要组成部分。只有农牧区实现稳定的脱贫致富，乡村振兴战略规划才能顺利实现。

为此，由农业农村部畜牧兽医局组织实施的"农牧交错带牛羊牧繁农育关键技术集成示范"项目，依托全国畜牧总站、中国农业大学、中国农业科学院北京畜牧兽医研究所等单位，以及区域性高校和科研推广机构，选择农牧交错带的典型区域建设示范企业（基地）或合作社共同开展技术集成试验示范。为了顺应新时代肉羊产业发展趋势，科学引导养殖主体高效养羊，推广示范肉羊养殖技术成果，项目承担单位发挥专业优势，总结和梳理了肉羊养殖过程中的关键技术问题，并编纂成书，以推动肉羊产业的健康发展。本书围绕肉羊场综合管理、肉羊场数字化管理、设备设施、繁殖管理、营养管理、健康管理、市场营销、繁殖母羊管理、羔羊管理和育肥羊管理等方面以问答的形式展现给读者，每一部分涉及的内容均为肉羊养殖中最常见的问题，适合肉羊养殖场（户）及相关技术人员参考使用。

　　本书在编写过程中得到了行业专家同仁的大力帮助，在此表示由衷的感谢。限于编者水平，书中难免存在不妥和疏漏之处，敬请广大读者批评指正。

编　者

2021 年 4 月

Contents 目录

1

三、设施设备篇 / 35

四、繁殖管理篇 / 53

六、健康管理篇 / 89

一、综合管理篇

1. 什么是现代化养羊？现代化养羊有哪些新技术？

现代化养羊即采用现代科学技术和设施装备，按照工业生产方式进行集约化、标准化养羊生产。

现代化养羊新技术包括：

（1）人工授精技术　该技术可有效提高种羊的利用率，降低种公羊引种和饲养成本，同时大大降低了因本交导致的某些疾病的交叉感染和散播蔓延。

（2）杂交技术　利用优质种公羊与基础母羊开展二元或三元杂交，培育新品种（品系）或进行商品生产，生产优良羔羊及羊肉。杂交后代不仅生长速度快、饲料报酬高，而且肉质鲜嫩，经济效益好。

（3）早期断奶和补饲　羔羊的自然断奶是在3～4月龄，早期断奶可促使羔羊胃机能尽快发育成熟，提高断奶体重，有利于羔羊后期高强度育肥，增加养殖效益。同时将哺乳期缩短到40～60天，减少母羊的配种间隔，降低母羊饲养成本。羔羊早期断奶时间一般在哺乳期的40～60天。为促进羔羊消化器官的发育，羔羊出生后7天开始训练吃颗粒饲料；随着羔羊日龄的增加逐步提高其精饲料饲喂量（可采取自由采食的方法）至断奶日龄；断奶后单独组群饲养。

（4）饲草加工调制技术　传统养羊如饲喂整株玉米秸秆，饲料消化利用率低，造成饲草资源的浪费，同时导致羊生长速度慢，饲养周期长。饲料加工调制技术包括物理的或机械的调制，如切短、粉碎、浸泡、蒸煮、炒焙等；化学调制，碱化、氨化等；生物学调制，如发酵、发芽等。其目的主要在于改善饲料的适口性，提高利用率，清除其中有毒有害物质，增进消化性能。

（5）设施养殖　舍饲养殖是羊产业发展的趋势，根据羊不同生长发育阶段进行科学的饲养管理，可很大程度上提高羊的生产性能。同时，建造布局结构合理的羊舍或暖棚，可提高羊的动物福利，促使其快速生长，还可大大减少疾病的发生，从而获得最佳的经济效益。羊舍饲养殖对饲养管理的要求较高，需要掌握关键的技术措施和工作要点，包括圈舍建设、饲草料准备、羊群组建、日常管理及疾病预防等方面的工作。

（6）疾病综合防控技术　重点加强传染病的预防接种工作，坚持以防为主。定期驱除羊体内外寄生虫，注意圈舍的卫生消毒。日常管理中经常观察羊的精神、饮食、粪便等是否正常，做到无病早防，有病早发现、早诊断、早治疗。

2. 目前我国肉羊业发展存在哪些亟待解决的问题？我国推行舍饲养羊的过程中遇到哪些问题？

当前，我国肉羊产业存在诸多问题，主要有：

（1）品种良种化程度低，生产力水平和产品品质不高。

（2）饲草资源开发利用不足，缺乏稳定的优质饲草供应基地。

（3）缺少完善的畜牧业保险制度和畜牧业风险补偿机制。

（4）规模化羊场经营管理水平亟待提高，生产技术人才匮乏。

（5）良种繁育体系不健全。

（6）生产环境控制水平低，规模化、标准化程度低。

（7）疫病防控意识薄弱，疾病治疗水平差等。

推行舍饲养羊过程中存在的问题包括：

（1）政府对舍饲养羊扶持力度不足　为了响应政府"退耕还林"的政策，养羊业的模式发生了很大的改变，开始由放牧向舍饲转变，但农区大多数还是较小规模的农户饲养模式，养羊数量少，管理粗放。同时由于舍饲养羊前期投入成本较高，所以养羊户积极性不高，也严重影响了舍饲养羊的发展。

（2）饲养管理粗放，疾病防控水平较差　我国目前羊舍饲比例偏低，舍饲养羊管理粗放，养殖场（户）对疫病风险的抵御能力较差，一旦有疫病暴发，将对养殖户造成毁灭性打击。

（3）消毒防疫工作不到位　舍饲养羊限制了羊群的活动范围，

增加了疾病传播风险。许多养殖户（场）为了节约饲养成本，忽略对羊群的防疫和圈舍消毒，导致羊群大规模感染甚至死亡，带来巨大的经济损失。

（4）营养供应不足，羊群营养不良　舍饲养羊的饲草摄入量远低于放牧养殖，导致羊体内各种维生素和微量元素缺乏，致使羊体质差、易生病，影响羊的正常生长发育。

（5）生产性能低下　在传统放牧养羊过程中，羊群可以随意游走，舍饲羊改变了羊的喜运动的生理习性，降低了羊的活动量，导致羊尤其是种公羊体质变弱，生产性能也大幅降低。

3. 如何选择羊舍场址？

（1）羊舍应建在地势较高、地下水位低、排水良好、通风干燥、南坡向阳的地方，切忌选在低洼涝地、山洪水道、冬季风口之地。

（2）地形要开阔整齐，场地不要过于狭长或边角太多。

（3）水源供应充足、清洁、无污染，上游地区无严重排污工厂；非寄生虫污染危害区；以舍饲为主时水源以自来水最好，其次是井水。

（4）交通便利，通讯方便，有一定能源供应条件。

（5）能保证防疫安全，羊场应距城镇、村庄、学校、屠宰加工厂、化工厂等有污染的单位及公路、铁路等主要交通干线和河流500米以上。羊舍的修建要符合当地畜牧部门的发展规划。

4. 羊舍有哪几种类型？各自的特点是什么？

根据羊舍四周墙壁封闭的严密程度，可划分为全封闭式羊舍、全开放式与半开放式羊舍以及棚舍。

（1）全封闭式羊舍　四周墙壁完整，保温性能好，适合较寒冷的地区（图1-1）。

图1-1　全封闭式羊舍

（2）全开放式与半开放式羊舍

①全开放式羊舍　三面有墙，一面无长墙。

②半开放式羊舍　三面有墙，一面有半截长墙（图1-2），保温性能较差，通风采光好，适合于温暖地区，是我国较普遍采用的类型。

图1-2　半开放式羊舍

（3）棚舍　只有屋顶而没有墙壁，防太阳辐射能力强，适合炎热地区。

根据羊舍屋顶的形式可分为单坡式、双坡式、拱式、平屋顶式、钟楼式羊舍等类型。在寒冷地区，可选择拱式、平屋顶式羊舍；炎热地区可选用钟楼式羊舍。

（1）单坡式羊舍　跨度小，自然采光好，适合小规模羊群和简易羊舍选用。

（2）双坡式羊舍　跨度大，保暖能力强，但自然采光和通风都较差，适用于小规模羊群和简易羊舍，是最常用的一种类型。

（3）拱式羊舍　造价低廉，但保温性能差，且对施工技术要求较高。

（4）平屋顶式羊舍　保暖、散热差，屋顶容易漏水。

（5）钟楼式羊舍　通风、防潮、避暑，清洁卫生，无粪尿污染，结构简单。

按羊舍长墙与端墙排列形式可分为一字形、厂字形或门字形等。

（1）一字形羊舍　采光好、均匀，温差不大，经济实用，是较常用的一种类型。

（2）厂字形羊舍　较封闭，通风差，但保温性好。

（3）门字形羊舍　也较封闭，通风差，但保温性好。

此外，根据我国南方炎热、潮湿的气候特点，可修建吊楼式羊舍；在山区可利用山坡修建地下式羊舍和土窑洞羊舍等。

 5. 如何判断羊的年龄？

不同年龄的肉羊，其生产性能、体型体态、鉴定标准都有所不同。目前比较可靠的年龄鉴定法仍然是牙齿鉴定。利用牙齿鉴定年龄主要是根据下颌门齿的发生、更换、磨损、脱落情况来判断。

（1）初生　羔羊一出生就有6枚乳齿。

（2）1月龄　羔羊约在1月龄长齐8枚乳齿。

（3）1.5岁　1.5岁左右乳齿齿冠有一定程度的磨损，钳齿脱落，随之在原脱落部位长出第1对永久齿。

（4）2岁　中间齿更换，长出第2对永久齿。

（5）3岁　约在3岁时，第4对乳齿更换为永久齿。

（6）4岁　8枚门齿的咀嚼面磨得较为平直，俗称齐口。

（7）5岁　可以见到个别牙齿有明显的齿星，说明齿冠部已基本磨完，暴露了齿髓。

（8）6岁　已磨到齿颈部，门齿间出现了明显的缝隙。

（9）7岁　缝隙更大，出现露孔现象。

为便于记忆，总结三句顺口溜：一岁半，中齿换；到两岁，换两对；两岁半，三对全；满三岁，牙换齐；四磨平；五齿星；六现缝；七露孔；八松动；九掉牙；十磨尽。

6. 我国羊的品种有多少？其中肉羊品种主要有哪些？

据《国家畜禽遗传资源品种名录》（2021版）最新公布，我国共有167个羊品种，其中绵羊89个，山羊78个。各省还有一些未列入国家畜禽遗传资源名录的羊品种及正在培育的品种。杜泊羊、澳洲白羊、萨福克羊、波尔山羊等是世界著名的肉羊品种，常用作新品种培育及遗传改良的父本。乌珠穆沁羊、湖羊、南江黄羊、马头山羊等都是国内较好的肉羊品种。

7. 什么是良种羊？如何去判断？

良种羊是指体型外貌好、健康无病、生产性能好、适应性强、耐粗饲、遗传性能稳定，具有本品种特征的羊。其判断方式包括：

（1）看体型　根据羊的体型、肥瘦和外貌等状况判断品种的纯度和健康程度。良种羊的犄角、毛色、头型和体型等要符合品种标准，如良种羊的体型、体况和体质应结实，前胸要宽深，四肢粗壮，肌肉组织要发达等。公羊要头大雄壮、眼大有神、睾丸发育匀称、性欲旺盛；母羊要腰长腿高、乳房发育良好。

（2）看年龄　根据牙齿鉴定羊的年龄，年龄过大或过小都不宜用作良种。

（3）看健康状况 良种羊活泼好动，两眼明亮有神，毛有光泽，食欲旺盛，呼吸、体温正常，四肢强壮有力；病羊毛散乱、粗糙无光泽，眼大无神，呆立，食欲不振，呼吸急促，体温升高，或者体表和四肢有病灶等。

8. 养殖场（户）应该如何选择适合自己生产的肉羊品种？

首先，要考虑自身的养殖模式，不同品种的肉羊饲养模式不同；其次，明确饲养目的，育种与育肥的饲养模式也不同；最后，还要根据其对环境的适应性，选择生产指数较高的肉羊品种。

南方多数地区适合养殖山羊，北方地区则适合养殖生产力较强的绵羊品种。在中原肉羊优势生产区域，小尾寒羊、湖羊、白山羊可作为母本；公羊可选择杜泊羊、萨福克羊、波尔山羊等引进的优良肉羊品种。西南肉羊优势区内盛产繁殖率强、肉羊性能良好的山羊品种，如黑山羊、金堂黑山羊、乐至黑山羊、大足黑山羊、简州大耳羊、成都马羊、南江黄羊和白山羊等，这些均可作为母本；公羊可以选择波尔山羊、努比亚黑山羊等。在中东部农牧交错带肉羊优势生产区域，应选择夏洛莱羊、杜泊羊等与当地的绵羊品种进行杂交改良。在西北肉羊优势生产区域，适合饲养萨福克羊、刀郎羊、杜泊羊等，可作为父本来与当地羊进行杂交改良。

9. 如何鉴定种羊？有哪几种方式？

种羊的选择除了依靠生产性能的表现外，个体鉴定也是重要的依据。基础母羊一般每年进行1次鉴定，种公羊一般在1.5～2岁进行鉴定。鉴定内容包括年龄鉴定和体型外貌评定。

（1）年龄鉴定 年龄鉴定是其他鉴定的基础。详见问题5。

（2）体型外貌评定 确定肉羊的品种特征、种用价值和生产力水平。

①体型评定　通过体尺测定，计算体尺指数后加以评定（图1-3）。测量部位有以下几个指标：

体高：肩部最高点到地面的距离。

体长：取两耳连线的中点到尾根的水平距离。

胸围：肩胛骨后缘经胸一周的周径。

管围：取前肢管部最细处的周长，在管部的上1/3处。

腿臀围：由左侧后膝前缘突起，绕经两股后面，至右侧后膝前缘突起的水平半周。

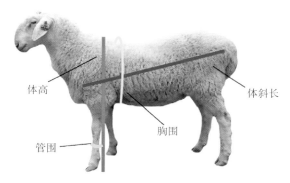

图1-3　体尺测定

为了衡量肉羊的体态结构，比较各部位的相对发育程度，评价产肉性能，一般要计算体尺指数：

体长指数＝体长/体高

体躯指数＝胸围/体长

胸围指数＝胸围/体高

骨指数＝管围/体高

产肉指数＝腿臀围/体高

肥度指数＝体重/体高

②外貌评定　根据羊的体型，将公羊分为整体结构、育肥状态、体躯和四肢，通过相关标准给各部位进行评分。同样，将母羊分为整体结构、体躯、母性特征和四肢，对各部位进行打分。

根据综合得分，对种羊的外貌进行评分及鉴定。

10. 引进种羊时要注意什么？

（1）适应性　引种羊原产地的气候、地貌、植被、饲养管理水平等与本地环境相近，有利于种羊能较快适应新环境，减少风土驯化时间。对于国外引进品种或新培育品种，要认真查阅资料，评估适应性，可通过少量引进的方法进行观察。如果适应性较好，就可以大批量引进。

（2）疫情　要详细了解引种单位羊群的健康状况，观察是否有常见疾病的症状如咳嗽等。最好的办法是先选好羊，观察一段时间后，确认羊群健康再引种。种羊引入后，必须先隔离45天才能进场饲养。

（3）引种季节　引种羊在长途运输中会受到应激，需要恢复体质，适应新环境。如果在冬季引种，水冷草枯，气候恶劣，引种羊成活率低；夏季高温多雨，相对湿度大，放牧和运输都易导致中暑，所以春季和秋季最适宜引种。

11. 如何饲养种公羊？

种公羊在羊群中数量少、作用大，是提高整个羊群繁殖性能与生产性能的关键。种公羊应常年健壮、活泼、精力充沛，有良好的性欲。种公羊营养应适度，维持中上等膘情，既不能过肥也不能过瘦。过肥使性机能减退，受胎率降低；过瘦则体弱精减，影响公羊的种用价值。种公羊饲养可分为配种期和非配种期两个阶段。配种期公羊消耗营养和体力较大，需要的营养较多，特别对蛋白质的需求加大。一般在配种前1～1.5个月应加强营养，逐渐增加日粮中的蛋白质、维生素和矿物质等。到了配种期，根据配种的次数，补给1～4个鸡蛋和适量的大麦芽、小麦胚。同时，让种公羊采食优质青、干草，适当补喂胡萝卜等。非配种期，饲喂以牧草为主，每天适量补充精饲料。要保证公羊每天有足够的运动量，一定要与母羊分开饲养。

 12. 选择什么样的肉羊留种？

（1）看祖先　祖先品质的好坏能直接遗传给后代。故选种时要对它上几代的生产性能[如体重、泌乳量、产毛（肉）量、繁殖等]和体型外貌进行系统考察。选留小种羊时，应有计划地用最好的种公羊与优良母羊交配，并注意加强对妊娠母羊的饲养管理，让胎儿充分发育，以便羔羊出生后供选择种羊用。

（2）看本身　种羊的体型外貌和生产性能不仅与本身的健康、生长发育等有密切关系，而且也会直接影响下一代，所以必须优中选优。

（3）看品种　羊的品种不同，要求也不一样，选留种羊时，应根据不同品种的特点及育种的要求来选留。选留一头种羊，一般要经过多次鉴定才能最后确定，如在初生、断乳、周岁及生育后代以后进行鉴定。

（4）看后代　种羊的好坏最终是看其后代来判断。优良的种羊，不仅本身的生产性能高，品质优，而且能将其优良特性遗传给后代。如果它的后代不理想，就不能留作种用，尤其是种公羊。对于后代品质不佳的母羊，应选用性能优良的种公羊交配，以提高后代品质。

 13. 如何进行生产性能测定？

生产性能测定是指对家畜个体的某一性状的表型值进行测量的一种育种措施，是育种工作的基础。生产性能测定包括测定性状的选择、测定方法的确定、测定结果的记录与管理以及性能测定的实施，一般要掌握以下原则：

（1）测定性状的选择　所选性状应具有较高的经济价值；要

有较大的遗传变异；要能简单、经济、准确且又能活体测定。

（2）测定方法的确定　要保证所使用的测定方法能得到准确的数据，且数据具有广泛适用性。

（3）测定结果的记录与管理　对测定结果的记录要做到简洁、准确和完整，要尽量避免人为因素造成的数据的错记、漏记；标清影响性状表现的各种可以辨别的系统环境因素，如年度、季节、场所、操作人员等，以便进行遗传统计分析；对记录的管理要便于经常调用和长期保存。

（4）性能测定的实施　要保证方法的正确性和规范性，保证测定结果的客观性和可靠性；性能测定时要考虑人、财、物的投入产出的最佳比例；性能测定的实施要有连续性和长期性；要随着育种目标的改变和技术的发展实时调整测定性状。

14. 如何进行本品种选育？

（1）种群筛选，即建立核心群　种群筛选是指从群体中找出优秀个体集中成一个优秀育种群的过程。要对这个育种群进行持续的生产性能测定并不断优化种群结构。

（2）肉羊的群体结构　一般由核心群、种畜繁殖群和商品生产群组成，呈金字塔结构。其中，核心群是重中之重，核心群的质量决定群体性能水平。

（3）核心群与合作育种体系　最早采用合作育种体系的是新西兰和澳大利亚。牧场主通过确定共同的育种目标和分享种畜资源，开展联合育种工作。合作育种体系的核心群由每个农场主的最优秀的种羊共同组成，数量足够大，以便开展有效的选种，也可以避免不必要的近交。

（4）核心群与胚胎移植（MOET）方案　MOET方案是一种选种方法，是将超数排卵和胚胎移植等繁殖技术与核心群合作育种体系结合起来，将早期选种方案与加快核心群的扩繁速度结合起来。MOET育种体系最大的贡献是提高了选择的准确性，大大缩短了世代间隔。MOET的关键是建立一个生产性能卓越的母羊核心群。

 15. 如何进行选配？有哪几种方式？

选配是按照育种目标人为安排公、母羊的配种，以达到利用优良种畜的目的。通过优秀个体间的交配，优良基因可以更好地组合，从而使畜群整体性能得到改良和提高。选配分个体选配、等级选配和亲缘选配。

（1）个体选配　畜群不大或育种核心群，可根据生产目的和育种目标，分析每头公、母羊在生产性能和外貌结构上的优缺点，制订个体选配计划，安排公、母畜的配种。根据它们的后代表现，分析各个组合的选配效果，及时加以修订。

（2）等级选配　生产群肉羊或较大的育种群一般采取等级选配。首先将基础母羊群按照生产性能、体型外貌的评定结果分成特级、一级、二级、三级和四级5个等级，分别确定配种公羊。公羊也要评定等级。等级选配的原则是公羊的等级一定要高于母羊，因为公羊饲养数量少，且对母羊群有带动和改进的作用。对特级、一级公羊应该充分使用，二级、三级公羊只能控制使用。

（3）亲缘选配　根据公、母畜之间亲缘关系的远近来安排交配组合。为了巩固优秀种羊的优良基因，使其尽快达到纯合，往往要采取近交的手段，特别是在进行肉羊品系繁育的过程中，近交是不可避免的。

 16. 如何进行品系繁育？

品系繁育是充分利用卓越公羊及其优秀后代，建立高产和遗传性能稳定的羊群的繁育方法。通过品系繁育，丰富品种的遗传结构，有意识地控制品种内部的差异，以此来促进整个品种的发展。

进行品系繁育首先要建立品系的基础群，品系数量的确定根据实际情况而定。如果建立专门化品系，生产商品代肉羊，至少需要父本系和母本系各1只；如果要进行品系之间的杂交优势的配合测定，至少要有3个品系参加；如果开展肉羊合成系育种，可能要10～20个品系同时选育。肉羊的品系繁育较普遍的是采用群体继代选育法。其次要进行闭锁繁育，当基础群建成后，羊群必须严格封闭。每个世代的种羊都要从基础羊群的后代中选留。至少在品系建立前的4～6个世代内不能引进外来种羊。但由于羊群规模小，近交系数也会逐渐上升。这就意味着会使基础群的各种基因通过分离与重组，逐渐趋向纯合。在结合严格的选育，变成具有共同特点的畜群。最后将各具特点的不同品系进行杂交，以获得生产力高、生活力强，有突出特点的优秀种羊，并从中选出新的系祖，建立新的综合品系，然后在新品系间杂交，获得更为优秀的种羊，从而使整个品种不断得到提高和发展。

17. 提高肉羊生产效率的关键技术有哪些?

（1）推行杂交一代化　以地方品种（如小尾寒羊、湖羊）作母本，引入肉用良种作父本，杂交生产肥羔，当年出栏，既利用了杂种优势、提高了产肉性能，又保存了地方品种的优良特性。

（2）母羊妊娠后期补饲　胎儿重量的80%是在妊娠后期2个月增加的，这时给母羊补饲，能弥补营养的不足，保证胎儿正常发育。给母羊妊娠后期补饲，所生羔羊初生重、断奶重均较高，而且母羊产后乳量充足，羔羊发育健壮。

（3）羔羊的补饲　羔羊在2月龄以内增重最快，其食物以乳为主，因此要保证羔羊吃到足够的母乳。羔羊3月龄以后，母羊的泌乳量开始骤减，羔羊的采食量则日渐增加，所以应加强对羔羊的补饲。最初给羔羊优质的草料，使其前胃受到锻炼、发育日益完善，采食量也随之逐渐增加，这样对羔羊生长发育有利。目前，养羊生产中，提倡早期给羔羊补饲，一般7日龄开始训练吃草料。

青干草可以不限量供给，精饲料用量要根据草料的品质及母羊的产奶量灵活掌握。

（4）适时断奶　羔羊断奶的年龄应根据羔羊发育状况及母羊繁殖特性来决定。羔羊发育良好，或母羊1年2产，可适当提早断奶，一般在40～60日龄断奶；羔羊发育较差，就应适当延长哺乳时间。

（5）适时屠宰　羔羊生长具有一定的规律性，前期生长较快，饲料转化率较高，后期生长较慢，饲料转化率降低。所以育肥一定时期后应适时屠宰，才能获得最佳育肥效益。

（6）防治体内外寄生虫　采用内驱外浴的药物防治方法，使危害羊体正常生长发育的寄生虫得到有效的控制。寄生虫可降低羔羊生长速度15%～30%，甚至可使个别体况欠佳的羊死亡。防治体内外寄生虫是保证肥羔生产的重要措施。

（7）选用适宜的促生长剂　在肉羊饲料中添加适量的促生长剂，可以增加肉羊的日增重，效果较好。

18. 饲养管理对羊有什么重要性？应重点掌握哪些原则？

饲养管理好坏对羊的健康、生长、繁殖起着关键作用。科学合理的饲养管理，可提高羊的健康水平，充分发挥羊的繁殖性能和生产能力，提高饲料转化率和降低生产成本，还可生产高质量的畜产品。科学合理的饲养管理，对羊的改良育种也有良好的作用。在羊的改良育种过程中，采取选种选配和杂交，可从遗传角度上提供改进产品质量和增加数量的可能性，但要使这种可能变为现实，并得到充分表现，必须采用科学合理的饲养管理方法。

肉羊的饲养管理应掌握以下几条原则：

（1）分群饲养　羊的年龄、性别、生理状况的不同，所需要的饲养条件和营养水平也不同，应该分群饲养。这样有利于饲养管理，可根据不同羊群的不同营养需要供应饲草饲料。

（2）饲喂要"三定" 即定时、定量、定质。

①定时 饲喂要固定时间，使羊形成良好的生活习惯。这样羊吃得饱、休息得好，有利于羊的生长发育和繁殖。

②定量 每次的饲喂量要相同。羊的日粮要营养全面，按不同的生长阶段供给足够的饲草饲料，不要使羊吃不饱，也不要每次饲喂过多，避免造成浪费。

③定质 保证饲料的质量。不喂霉变、污染、冰冻的饲草饲料。饲料搭配要科学合理、营养全面，不同生长阶段配给不同营养的饲料。在对饲料配方进行调整时，新旧饲料的量也要逐渐调整，要有7～14天的更换期，使羊的瘤胃逐步适应新饲料。否则会产生减食或暴食的现象，引起羊消化不良。

（3）精养细喂，少给勤添 设计科学合理的日粮配方，精饲料饲喂前拌入少量的水，使其软化，以利于消化吸收。如饲喂前将部分精饲料拌入有益菌进行一定时间的发酵，再饲喂，效果更好。青粗饲料要铡短，少给勤添，避免浪费。

（4）饮水要清洁 最好在栏内设置水槽，随时能让羊喝上清洁的水。夏季饮水时避免阳光暴晒水槽，冬季防止水冰冷。

（5）保持卫生 定时打扫圈舍和运动场，定期刷拭羊体。要保持环境和羊体卫生。

（6）做好防疫 制定科学的防疫程序，按时注射疫苗，预防疾病发生。

（7）注意观察羊群 饲养人员要随时细心观察羊的采食、饮水、休息和排泄的状况，发现异常及时找出原因，采取措施。

19. 哪些因素决定羊场采用舍饲还是放牧？

（1）肉羊品种 有些品种的羊喜动、善于行走，这样的羊最好进行放牧饲养，如山羊，活泼好动，若舍饲则不利于其正常生长；有些羊适合舍饲，如小尾寒羊、湖羊，这种羊如放牧行走太远就会疲乏劳累。

（2）饲养规模与经济投入　放牧饲养可以充分利用饲草资源，起到节约精饲料、节省人力的作用，能有效降低饲养成本，对规模小、资金投入少的羊场较适合。舍饲养殖比较适合大规模、投资成本高的羊场。

（3）羊场地址　我国广大牧区、半农半牧区以及拥有草山、草坡、滩涂条件的农区等都可采取放牧方式。城镇近郊、土地面积有限的农区和封山绿化的地区多采用舍饲的饲养方式。

 肉用羊放牧时应注意哪些问题？

适当放牧能够有效地增强羊的体质，同时有利于羊群抓膘。放牧时，应注意以下几点：

（1）防止羊淋雨　下雨天不宜放牧，以避免羊群生病。

（2）注意放牧时间　夏季早晨放牧时应等牧草上的露水消失后才可放牧，下午放牧不宜过晚，以避免羊群采食虫卵和露水而造成羊群腹泻。

（3）做好放牧前检查　清点羊群，如发现病羊要及时治疗，收牧时亦清点羊群，防止有的羊离群。

（4）携带必备药械　当放牧路途较远时，放牧人员应随身携带一些必备的药械，特别是夏季要防止羊中暑，使用人丹或者藿香正气可进行治疗，也可使用套管针来放气。

（5）避免饮水过急　羊在采食完饲草、放牧人员把羊赶到饮水场所后，要让羊稍停片刻后才可饮水，以防止饮水过急，水进入气管；不要让羊群饮用污水、脏水。

（6）防止羊采食毒草　毒草多生长在潮湿的阴坡上，幼嫩期毒性大，对此采用"迟牧、饱牧"的方法，即等毒草长大、毒性低后，让羊吃饱草后再放牧到这些混生毒草地段，能免受其害。

（7）注意补充矿物质元素　在放牧过程中，可将矿物质微量元素舔砖或食盐放在盆内或有小洞的竹筒内让羊自由舔食，也能增加羊的食欲。

21. 不同季节的羊群管理要点有哪些？

（1）春季管理要点

①预防感冒　此季节气候由极度寒冷向温暖过度，温差变化大，羊易感冒，一要多准备一些预防感冒的药物，如马鞭草、野菊花、老虎刺等煎水灌服；也可用板蓝根冲剂、头痛粉喂服；还可用安乃近、复方氨林巴比妥（PV）、板蓝根、柴胡、庆大霉素等制剂注射；羔羊用小儿安、婴儿素等灌服。二要继续加强防寒保暖。

②补草、补料　冬季产羔母羊哺乳负荷重，体力透支大，必须补充干草和精饲料，同时冬季所产羔羊因靠自行采食营养不足，也要补草、补料；进入春季，牧草从枯萎逐步复苏，但靠放牧采食羊摄入的营养不足，因此本季节产羔的母羊也是补料的对象，而且一般羊群也应酌情补料。

③抓防疫和驱虫　春季多数母羊处在空怀阶段，是防疫的有利时机，同时也有利于驱虫工作的开展。

（2）夏季管理要点

①定期消毒　夏季气温高、炎热多雨，是病原微生物及寄生虫繁殖最快的季节，容易发生传染病，应做好定期消毒，建议1次/周，周围环境及圈舍可用生石灰、草木灰消毒，圈舍还可用可佳等喷洒。

②做好驱虫　注意除四害和灭蚊、灭蝇，预防体外寄生虫病发生，用涂赖灵、螨净等涂擦患部，并注射伊维菌素。

③防臌气、积食　春季牧草正处于旺盛的生长阶段，要控制羊的采食量，尤其是在种植三叶草和紫花苜蓿的地方，羊易发生急性臌气，严重者无法抢救而死亡。一般可用消气灵喂服，或注射胃肠动力药；稍严重者可用套管针穿刺瘤胃，将煤油吸入注射器，通过套管针打入瘤胃内，从而达到止酵的目的；轻微者可灌服生菜油50～100克/（只·次），也可喂香樟籽、萝卜籽等。

（3）秋季管理要点

①抓膘　此季气候逐步变凉，是收获的季节，应重点抓膘，使羊膘肥体壮，未妊娠的羊使其发情并进行配种，已妊娠的羊保证其有足够的营养供给胎儿；使种公羊保持旺盛的精力，配种繁殖时，适当添加高蛋白质精饲料，每天喂1～4个鸡蛋，以保证精液品质，提高配种率。

②抓草　将放牧用不完的优质牧草收割晒制，以备过冬之用，一般按每只羊1千克/天的干草预算，准备30～40天的量即可。无优质人工草地的可用山草代替，其余地区用玉米秸、稻草制成青贮饲料或氨化饲料。

③抓防疫和驱虫　秋季多数母羊处在妊娠初期，也是一年中防疫和驱虫的最好时机，要认真组织开展驱虫工作。

（4）冬季管理要点

①防寒保暖　冬季是全年平均气温最低的季节，放牧困难，加之集中产羔，给防寒保暖带来困难。在中高海拔地区，要把羊舍四周用玉米秆或花油布围起来，堵住通气孔，创造一个适宜羔羊生存的环境。

②分群饲养　将已产、临产的母羊分群饲养管理，防止羊群因挤在一起而压死羔羊，减少损失。还要防止打斗、拥挤，避免发生流产，若出现流产，用0.1%高锰酸钾溶液清洗子宫，然后再将青霉素注入子宫，1次/天，连用3天。

③防羔羊感冒、腹泻　羔羊抵抗力弱，易发生感冒、腹泻。发生感冒时，口服药有小儿安、婴儿素、板蓝根冲剂，针剂有庆大霉素、柴胡、板蓝根、病毒灵等，另外还可筹备一些生姜、红糖等；发生腹泻时，口服药有氟哌酸、泻痢停、磺胺脒，针剂有痢菌净、黄连素等。

④补充精饲料　为产羔母羊及体质差的羊每天补0.15千克左右精饲料即可。

⑤防前胃弛缓　给予羊足够的温热水，尤其采食干草后，更应注意饮水，否则易出现前胃弛缓。发生前胃弛缓后，病情轻微

的羊灌服生菜油，稍严重的用南瓜蓉和生菜油一起灌服，2次/天。

22. 如何提高养羊户的技术水平？为什么要建立养羊合作组织？

提高养羊户的科学养羊意识，加强对养羊户的技能培训，增强养殖户的养羊良种意识，加强对饲料营养的认识，强化科学饲喂意识。指导养羊户加强圈舍建设，做好疫病防治工作，要建立"预防为主，防重于治"的意识。保证健康养殖，使养殖利益最大化。

养羊合作组织的优点：

（1）可以把土地集中做规模化经营，提高生产效率。

（2）合作组织可以供销一体，大大降低成本。

（3）合作组织更容易取得银行贷款，解决资金问题。

（4）国家给予农村合作组织很多补贴政策。

23. 羊场如何设计种群规模和结构？如何进行选留和淘汰？如何保持羊群的更新和稳定？

羊的群体分为种公羊群、基础母羊群、后备公羊群、后备母羊群和育肥群，群体的规模大小以羊场的大小标准来进行选留。若羊场需要继续扩大规模，群体结构应偏向年轻化，增加年轻种羊的比例。羔羊断奶后可送入羔羊舍进行喂养，羔羊采取散栏饲养的方式，每只羔羊占地面积约0.5米^2。羔羊在长至6个月时，公羔羊可以出栏屠宰，母羔羊可以作为后备羊进入后备羊舍。后备羊舍可以分为母羊舍和公羊舍。成年种母羊以及处于妊娠前期的母羊为单独舍散栏喂养，每只母羊占地面积约1米^2，可以是封闭式，也可以是开放式甚至半开放式。公羊一般为单独舍散栏饲养，每只公羊占地面积约2米^2。母羊在妊娠后期即可进入分娩羊舍，即将分娩的羊采用单独栏饲养，每只占地面积约2米^2，羊床上要添加较厚的饲草，做好保暖工作，同时还要设立羔羊补饲栏。

在羊繁殖过程中，要注意提高适龄母羊在羊群中的比例，及时淘汰老龄、不孕、习惯性流产、母性差、泌乳性差、产单羔、生殖器官和乳房有缺陷的母羊。

保持羊群的更新和稳定，一是要保证足够的群体大小；二是保证每个个体都能随机交配，尽可能减少随机漂变的发生；三是群体没有迁进或迁出个体。

二、肉羊场数字化管理篇

24. 为什么肉羊生产需要数字化管理？

在肉羊生产各个环节中，涉及繁育、配种、疫病防控、饲料仓储、饲喂、出栏等管理过程，对于规模化牧场，无论是肉羊繁育场、育种场还是育肥场，羊群每天都会产生海量数据，很难利用人工记录方式分析相关数据、管理畜群。利用数字化管理系统记录各个生产环节对应的数据，对标行业标准，发现羊场生产与管理等各个环节存在的问题，使羊场运行的各个环节管理透明化，提升牧场和营运水平，改善羊场的经营效益（图2-1）。

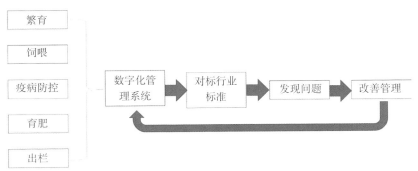

图2-1　数字化管理系统在肉羊场管理中的应用

25. 多大规模的羊场适合采用专业的数字化管理系统？

一般来讲，对于肉羊育种与繁育企业，繁育母羊超过1 000只即可考虑使用数字化管理系统。在目前的生产水平下，繁育母羊存栏1 000只，按照两年三产、产羔率220%、成活率95%，理论上每年生产羔羊3 135只，公羊育肥出栏约1 500只，这种规模的羊场可以考虑使用数字化管理系统。

针对专业化舍饲育肥场，年出栏5 000只羊以上可以考虑利用数字化管理系统。这类系统相对简单，在规模化育肥场数字化管理系统重点关注饲草料供应、防疫、育肥各阶段体重等环节（图2-2）。

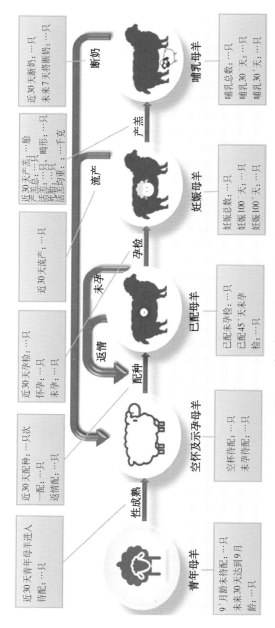

图 2-2　羊场数字化管理系统运行过程

26. 肉羊数字化管理包括哪些内容？

目前肉羊生产数字化管理系统涉及母羊的繁育、育种、育肥生产、饲草料管理及综合数据管理。商用的数字化管理系统包括繁殖管理模块、育种管理模块、防疫治疗模块、育肥管理模块、饲料管理模块、统计报表模块及库存管理模块等，部分肉羊场结合屠宰加工还需要屠宰加工模块。

27. 肉羊数字化管理需要哪些硬件设施设备？

在肉羊数字化管理系统中除了羊场原有设施设备外，需要配备电子耳标（图2-3）、自动称重系统、繁殖检测设备（如B超）及温湿度记录中、射频等系统。对于肉羊育种企业，需要性能测定的设施设备。

图2-3 羊用电子耳标

28. 数字化管理可以带来哪些效益？

数字化管理系统的应用可以提高繁殖母羊的繁育率及羊场的出栏率，在一些商业软件中肉羊数字化管理系统具有统计报表或生产提示功能，用于指导生产过程。例如，繁殖肉羊生产中，对于性成熟母羊超过一定时间未配种的情况进行跟踪，便于肉羊繁殖部门安排工作计划，对久不发情的母羊进行护理或淘汰，通过数字化管理系统提高母羊繁殖率，进而提高牧场效益。对于育肥羊，可通过称重分群系统配合数字化管理系统，监测育肥羊生长效果，同时通过定期称重，可快速淘汰僵羊，提高育肥效益。此外，通过数字化管理系统的数据报表和统计功能可跟踪监测肉羊场总体运行情况，强化各环节的管理，提升牧场规模化效益。

29. 饲草料检测数字化管理设备包括哪些？

饲草及饲料的快速检测是规模化肉羊企业实现精准饲养的重要保障，对一些自配料肉羊场，现场可采用感官评定、化学分析等方式对饲草料进行评定。近年来，随着数字化管理技术的推广，在规模化肉羊生产管理中可以考虑利用便携式、手持式及固定式近红外设备（图2-4）进行饲料、饲草的现场快速检测。

图2-4　牧场便携式近红外分析仪

30. 如何利用称重分群系统管理羊群？

　　目前羊用自动称重系统包括单通道和多通道系统，可配合电子耳标、移动终端（手机或电脑）采集体重数据（图2-5）。分群

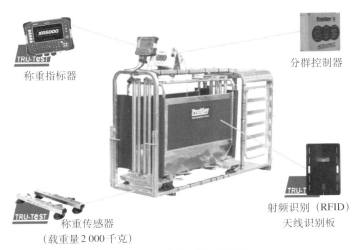

称重指标器

分群控制器

射频识别（RFID）
天线识别板

称重传感器
（载重量2 000千克）

图2-5　商用称重分群系统

是实现羊群精准管理的重要手段，也是评估牧场运行现状的主要依据。

以后备繁殖羊群为例，通过称重系统及相关软件获得后备繁殖羊群关键体重参数规划生产，如舍饲养殖中母羔断奶体重应高于15千克，到6月龄体重在35～40千克即可配种。此外，在育肥羊生产中，称重系统主要在羊入栏、育肥60天及出栏时进行称重（图2-6）。

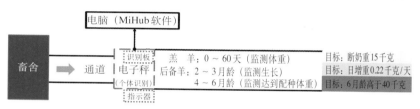

图2-6　称重系统在后备羊各生产阶段中的应用

31. 如何利用自动化设备开展肉羊选育工作？

在肉羊选育过程中需要定期测定其表型性状，包括体重、体尺、外貌特点等参数。日常测量较为烦琐，通过自动化设备可以开展上述工作（图2-7）。配合自动耳标及识别系统，可快速测量获得相关表型数据。目前全自动体尺体重测定系统可自动测出羊的体重、电子耳号、体尺（体高、体斜长、胸宽、胸围）数据，并自动上传电脑，方便育种规划。

图2-7　羊用全自动体尺测量设备

32. 如何利用生长性能测定系统管理肉羊育种及评定饲料营养价值?

生产性能是肉羊生长育肥与育种重点关注的参数,目前生产中有自动称重及采食量测定系统,通过专用饲喂栏配合电子耳标记录系统可记录肉羊、每次采食量和每天体重等数据,可为肉羊育种与评定饲料营养价值和饲喂效果提供依据。一套自动称重及采食量测定系统可以满足5 ~ 8只肉羊生产性能的测定(图2-8)。

图2-8   自动称重及采食量测定系统

33. 羊场数字化管理软件有哪些?

目前,羊场数字化管理软件有多种,主要分为两大类,一类是不依赖于电子耳标,依靠人工记录、配合现场设施设备测定,在软件中进行录入后分析管理,这类软件主要应用于中小牧场;另一类为整合电子耳标+识别系统+称重系统+数据传输+手机

APP方式，该软件对育种场，尤其是规模较大的育种场较为实用，但一次性投入较高，且羊需要佩戴电子耳标。

34. 如何利用B超检测管理繁殖母羊？

早期妊娠检测是规模化肉羊场繁殖模块的主要工作，可通过B超确定配种后26天母羊妊娠情况，并根据是否妊娠及妊娠羔羊数安排繁育羊群生产流程（图2-9）。同时，可利用多胎B超对不同胎次的羊检测后继续分群。

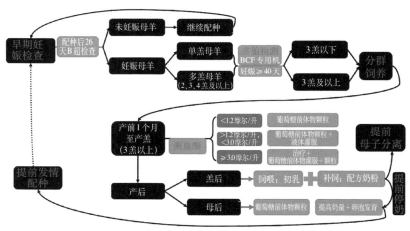

图2-9　利用B超检测管理繁殖母羊

35. 如何利用B超对多胎羊群进行分群管理？

舍饲养殖中一般选择高繁殖力母羊作为母本，如湖羊可怀孕产2～5只羊羔，而不同产羔数的羔羊其营养需要、适宜的饲养密度、围产管理及产后羔羊护理等方面均不同，因此有必要对不同产羔数的母羊进行分群饲养。一般3羔以下的羊可分在一群、3羔及以上的羊单独圈舍饲喂，并进行营养强化（图2-10）。

图2-10　生产实践中多胎羔羊的分群管理

36. 种羊场如何利用数字化管理系统开展选种?

　　在肉羊的育种生产中，需要对肉羊个体进行详细而全面的记录，包括对应的选配方案、体重数据（羊增重情况等）、体尺数据、外貌品相数据、基因型数据（如多胎性基因）、淘汰依据等数字化管理系统模块，通过上述数据的整合开展育种工作。目前，商业化育种企业已经成熟使用数字化管理系统进行育种工作（图2-11）。

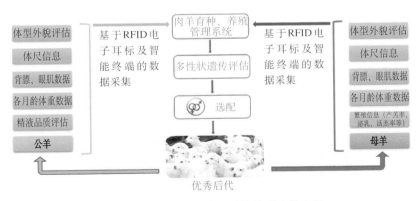

图2-11　利用数字化管理系统管理肉羊育种

三、设施设备篇

37. 羔羊补饲栏如何设计？

方案一：对于母羊采用本交模式，不便分群饲养时，根据达到羔羊断奶标准时（一般是45日龄或体重15千克）的体尺指标，确定羔羊补饲栏的出入口间距；羔羊补饲栏的长度不宜过长，长度越大，母羊越易破坏。羔羊补饲栏制作成L形，安置于墙角，充分利用墙体，减少材料成本（图3-1）。

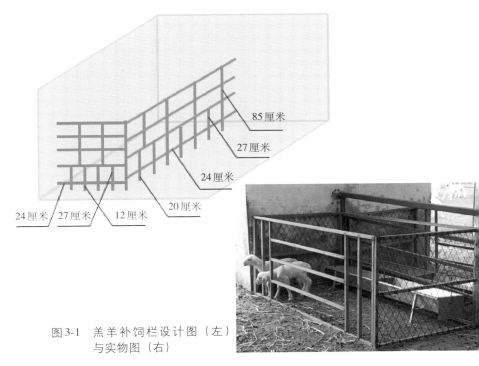

图3-1　羔羊补饲栏设计图（左）
　　　　与实物图（右）

方案二：对于采用人工授精模式的母羊，分群饲养时，可以在哺乳舍栏中设置补饲栏，舍中固定隔栏的一端设羔羊入口，活动隔栏在对应端设羔羊入口，补饲栏中可放置方形保育羊自动下料箱（图3-2、图3-3）。

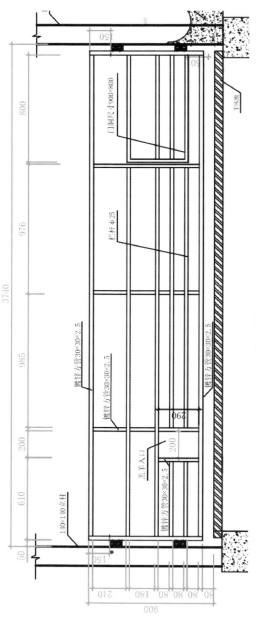

图 3-2 羔羊补饲栏示意（毫米）

图3-3　羔羊补饲栏（推荐）

 肉羊饲槽如何设计？

设计肉羊饲槽时要重点考虑饲槽与羊床表面的间距，适宜的高度尺寸（35～38厘米）既能便于羊采食，也可以有效防止羔羊从栏中窜出。为了方便羊栏加工和生产管理，羊栏尺寸可设计为兼顾育成羊与成年羊，饲槽以上第一层供育成羊使用（宽度12～15厘米），第二层供成年羊使用（宽度15～18厘米）。

饲槽的内沿高于外沿10厘米，防止饲草料进入羊舍内，宽度根据饲喂类型进行调整（30～50厘米），根据地形设置地面平槽或凹槽均可，配套有饲草推送和清扫设备，地面平槽相对更便利。

 肉羊场的饲喂通道如何设计？

羊舍饲喂通道的设计重点受饲喂设备的影响，目前设备尺寸还未能实现标准化（图3-4、图3-5）。因此，设计饲喂通道时，根据养殖规模选择适宜的饲喂设备型号和生产厂家，再根据设备参数确定饲喂通道的宽度、与外路面的坡度以及车辆的转弯半径等工艺参数。一般饲喂车采用三轮车底盘，轮距1.7米左右，饲槽宽度为35厘米，饲喂通道宽度为2.3～2.4米即可。

　　另外，饲喂通道需要承载饲草料车辆通行，应使地面光滑便于清扫，施工时需要特别注意。现在也有采用传送带作为饲喂通道的先进模式，非常便利。

图3-4　凹槽饲喂通道

图3-5　平槽饲喂通道

 40. 肉羊水槽及其类型如何选择？

　　肉羊饮水建议采用自动饮水碗，减少人力成本；成年羊和育成羊采用按压式饮水碗；哺乳舍采用浮球阀式饮水碗；分娩单栏母羊采用乳头式饮水碗。北方的水线还需要做好保温，加装电热带，以防在寒冷天气时水线结冰（图3-6）。

图3-6　肉羊水槽

41. 育肥羊场称重系统如何选择？

育肥羊场称重系统非常关键，可以有效地监测羊体重变化，确定精准的日增重，制订合理的出栏计划，实现生产利益最大化。但是目前还没有非常理想的称重系统。

育肥场建立称重分群栏，定期对育肥羊进行称重分群，这是目前最佳的解决方案（图3-7）。但是这种模式需要建立专门的分群栏、采购称重分群秤（自动分群秤的造价比较高），且育肥羊转群现场操作相对比较麻烦，一般养殖户难以接受。这种方案需要羊场配套相对完善的硬件设施。

图 3-7　育肥羊场称重系统

 漏缝地板羊舍的设计有哪些要求？

目前普通竹夹板存在诸多弊端，许多新建羊场采用塑料漏缝板，综合考虑未来塑料漏缝地板会成为主流模式，结合现有的刮粪机功率，单侧羊栏宽度设计为3米（塑料漏缝板尺寸为60厘米×60厘米），长度设计为60～80米为宜。集粪槽深度根据刮粪机厂家型号，一般为40～60厘米（图3-8）。

图 3-8　塑料漏缝地板

 漏缝地板羊舍清粪装置如何设计？

漏缝地板羊舍配备自动刮粪机清理羊粪，清理出来的羊粪集中转运至有机肥厂，这个操作过程有多种设计方案，比较适宜的有以下两种。

方案一：在刮粪机末端下挖深坑，安装带轨道的集粪箱，当收集满羊粪后，用叉车取出，再用平板三轮车转运至有机肥厂（图3-9）。

图3-9　羊舍清粪装置一

方案二：在刮粪机末端开挖地沟，安装传送带，同时启动刮粪机和传送带，将羊粪转运至有机肥厂（图3-10）。

图3-10　羊舍清粪装置二

44. 羊场的消毒通道如何设计规划？

目前业内普遍采用的是超声雾化消毒或紫外线消毒通道，佩戴一次性塑料脚套、头套，穿防护服，但这种方法在应对严重的传染病时没有作用。最佳的方案是羊舍配套监控设备，避免外来人员入舍参观，消毒通道供员工使用，采用洗澡并更衣的消毒方式。

45. 羊场的装羊平台如何设计建造？

羊场应在隔离舍和外售羊舍安装装羊平台（图3-11）。装羊平台分为固定式和移动式。

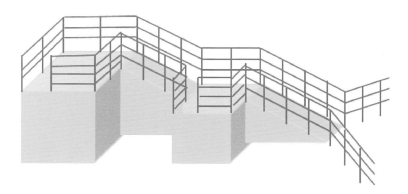

图3-11　装羊平台模式图及实物图

46. 什么规模的羊场适合TMR设备？

规模肉羊场全混合日粮（TMR）加工设备容量为6 ～ 30米^3，以最小加工容量6米^{3}为例，每批次约可加工1吨TMR，按每天加工6批测算（每批次20 ～ 30分钟），可加工6吨TMR；按照母羊每天采食3千克TMR（水分含量30％～ 40％），可满足2 000只繁殖母羊生产。生产中一般1 500只以上繁殖母羊即可考虑使用TMR，可节约人工、提高饲喂效率。一般TMR加工由搅拌机、粉碎机或铡草机及相关饲喂设备构成（图3-12）。

图3-12　规模化肉羊场TMR加工设备

47. 如何计算TMR加工设备有效容量？

一般TMR加工设备1米³搅拌量在260～300千克，机器总有效利用率为85%左右，以6米³设备为例即260×0.85×6=1 326（千克），每批次生产时长为20～30分钟；以8米³设备为例即260×0.85×8=1 768（千克），以此类推。表3-1中给出TMR加工设备体积对应的每批次加工量。

表3-1　不同容量TMR设备每批次加工量

TMR设备容量（米³）	每批次加工量（千克）
6	1 326
8	1 768
10	2 210
12	2 652
14	3 094
16	3 536
18	3 978
20	4 420
24	5 304
30	6 630

48. TMR加工设备有哪些种类？

肉羊场TMR加工设备和奶牛场类似，有固定式搅拌机、立式自走式搅拌撒料一体机、立式牵引TMR设备（图3-13、图3-14和图3-15）。固定式搅拌机需要配备装载机将各种原料添加到其中混合；自走式搅拌机可自动取用青贮。

图 3-13　固定式搅拌机

图 3-14　立式自走式搅拌撒料一体机

图 3-15　立式牵引 TMR 设备

49. TMR撒料车有哪些种类？

根据肉羊场现场饲喂通道及饲喂量情况，饲料撒料车种类不同，一般以轻型卡车拖动的撒料车要求饲喂通道在3.5米以上；三轮车拖动的饲喂车要求饲喂通道宽度在2.8米以上（图3-16）。根据饲喂车型号不同，羊舍门的高度应在2.6 ～ 3.2米以上。

图3-16　羊场用TMR撒料车

50. TMR饲喂辅助设备有哪些？

一般肉羊场需要配合装载机、粉碎机、青贮取料机、推料机、剩料收集车等设备参与TMR加工及饲喂工作（图3-17、图3-18）。肉羊场需要根据羊场群体结构、每天TMR投料量、圈舍设计的参数调整适宜的设备。

图 3-17 圆盘式粉碎机（左）及青贮取料机（右）

图 3-18 推料机（上）与剩料收集车（下）

51. 颗粒型TMR对设施设备有哪些需求？

近年来全混合颗粒饲料在肉羊生产中得到了广泛应用，一些中小型育肥羊场可以考虑自配颗粒型TMR日粮。需要配备粉碎机、混合机、制粒机、推料机、剩料收集车及干燥设备。粉碎机分别用于粉碎粗饲料及玉米等原料；制粒机一般用平模，根据制粒效果，在制粒过程中需要添加1%～2%水分，有利于降低粉化率，制料的粒径一般为6毫米。根据混合机和制粒机大小，每批次加工需要30分钟（图3-19）。

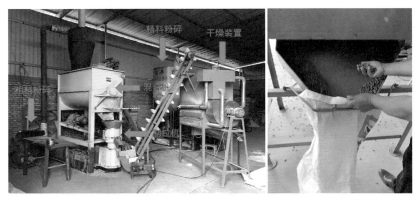

图3-19　小型颗粒型TMR加工设备

 52. 规模化繁育肉羊场B超机如何选择？

规模化肉羊场常利用B超设备对繁殖母羊开展早期妊娠检测，同时利用专用多胎检测仪可以检测妊娠母羊的多胎情况，便于进行精准的营养管理（图3-20）。目前，市场上的B超机有多种，多胎检测设备主要是新西兰进口设备。

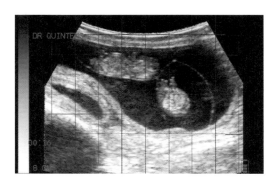

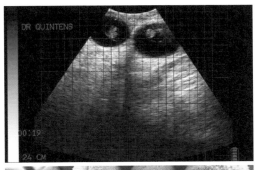

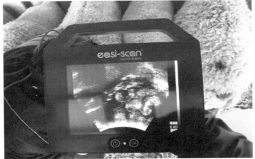

图 3-20　羊用 B 超检测多胎羊

四、繁殖管理篇

53. 公羊和母羊的初配年龄及利用年限如何确定？

一般肉用绵羊、山羊公羊的性成熟在6～10月龄，母羊在6～8月龄，体重达到成年羊的70%左右性成熟；早熟品种在4～6月龄达到性成熟，晚熟品种在8～10月龄达到性成熟，并且公羊的性成熟年龄要比母羊稍晚。我国地方品种的绵羊、山羊在4月龄时便出现公羊爬跨、母羊发情等表现，不过此时的公、母羊性器官还未发育完全，如过早地交配，对本身和后代的发育都不利，所以羔羊在断奶后要分开饲养，防止早配和近亲交配的发生。一般肉用绵羊、山羊的初配年龄在12月龄左右，早熟品种或者饲养条件较好的母羊也可以提前进行配种，如小尾寒羊母羊可以在6～8月龄配种。

种公羊的使用年限为10年左右，以3～5岁繁殖力最强，繁育后代最好，生产效益最优，一般利用年限为4～6年，7～8岁以后逐渐衰退，直到丧失繁殖力和生产力；母羊一般在生产中的利用年限为5～7年，10～15岁终止发情，失去繁殖能力。

54. 如何利用药物诱导母羊同期发情和超数排卵？

利用药物使羊群在同一个时间段内集中发情并排出多个卵子，称为同期发情和超数排卵，该技术可以显著提高母羊的繁殖力。同期发情常用的药物有孕激素和前列腺素；而超数排卵常用的药物有马绒毛膜促性腺激素、促卵泡素、促性腺激素释放激素等。利用孕激素进行同期发情时，通常是将含有不同种类孕激素的栓剂放置在母羊阴道内6～12天，去除阴道栓后2～3天，母羊即可发情（图4-1）。如果使用前列腺素，则是羊群间隔7～11天注射2次前列腺素，在第2次注射后的2～3天，母羊即可发情。通常在同期发情处理结束时注射350～500国际单位的马绒毛膜促性腺激素，或100～150国际单位促卵泡素，或5～20微克促黄体

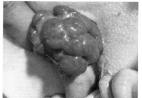

图4-1　羊群埋置阴道栓（右上）和经超数排卵处理后的绵羊卵巢（右下）

素释放激素 A_3 促进母羊排卵。

 55. 养殖场（户）采用母羊定时输精技术的好处有哪些？

　　母羊的繁殖率较低，这是制约养殖场快速发展的瓶颈，特别是在实行禁牧舍饲政策以来，这一问题更加突出。推行定时输精技术是解决这一问题的关键举措。定时输精是利用外源激素控制母羊的繁殖活动，从而使其在预定时间内同时发情、同时排卵、同时配种、同时产羔和同时出栏。定时输精技术免去了母羊发情鉴定环节，节省劳力，方便饲养管理和疫病防控，加速遗传改良进程，更重要的是显著提高了种公羊的配种效率以及母羊的妊娠率、产羔率和繁殖力（图4-2）。

 56. 母羊定时输精技术流程有哪些？

　　目前较流行的母羊定时输精技术流程包括放置孕激素阴道栓、12天后去除阴道栓并注射350国际单位马绒毛膜促性腺激素（又称为孕马血清促性腺激素，PMSG）、48小时后输精的同时注射12.5

图4-2　定时输精（左）和2月龄的青年湖羊（右）

微克促黄体素释放激素A₃、12小时后再次输精（图4-3）。每次输精剂量不少于0.3毫升，有效精子数1.0×10^8个以上；每次输精前需彻底清除阴道内和子宫颈口周围的分泌物，并尽量将输精器插入子宫颈口内。

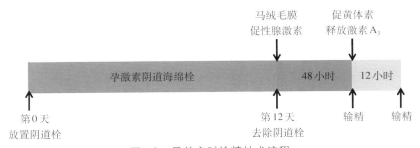

图4-3　母羊定时输精技术流程

57. 影响母羊定时输精妊娠率的因素有哪些？

　　母羊定时输精技术已在我国推广应用，情期受胎率为

55%～85%，产羔率普遍提高10%～30%。影响定时输精妊娠率的因素众多，包括季节、体况、品种、胎次、激素种类、剂量、注射方式和处理时间、输精次数、输精剂量、输精时间、输精方式、精子活力等。通常在秋冬季节，体况中等且产羔率较高的品种的定时输精妊娠率较高。定时输精常用的激素包括孕激素、前列腺素、马绒毛膜促性腺激素、促卵泡素、促性腺激素释放激素、促黄体素、人类绒毛膜促性腺激素等。不同激素的半衰期、生物活性、副作用以及激素间的协同或颉颃作用不同，都会对定时输精妊娠率产生显著影响。

 58. 公羊采精及精液稀释保存注意事项有哪些？

凡是采精、输精及与精液接触的一切器具都必须彻底清洗消毒，并最后用生理盐水冲洗干净。假阴道内胎的平滑面向内，两端翻卷在外壳上，用生理盐水冲洗内胎后，将温水（50℃）注入假阴道中，压力以内胎呈三角形即可，不能漏水、漏气，采精时内胎温度为40～42℃，采精员站在母羊右后侧，右手持假阴道。当公羊爬跨而阴茎还未接触母羊时，迅速将阴茎导入假阴道内（图4-4）。当公羊发出前冲动作，表示射精完毕。采精频率一般1天2次，中间至少间隔30分钟，连续采精3天，中间休息1天。正常的精液为乳白色，肉眼可见云雾状，无味或略带腥味，精液量平均为0.8～1.0毫升；凡带有臭味，出现红色或褐色的精液应弃掉不用，一般情况下不再做显微镜检查。精液稀释液可用市售脱脂牛奶，稀释倍数依据精子密度而定，稀释后每1毫升有效精子不少于3.0×10^8个；稀释前，稀释液与精液分别做等温处理，稀释过程切忌剧烈震荡；稀释后的精液保存在30℃水浴环境中，最好在2小时内完成输精过程。

图4-4　采　精

59. 羊场采用自然交配或人工授精技术的决定因素有哪些?

人工授精是用器械以人工的方式采集公羊的精液,经过精液品质的检查和一系列的处理,再利用器械将精液输入发情母羊的生殖道内,以达到母羊受胎的配种方式。其优点是可以使优秀种公羊得以充分利用,加快遗传育种进程。人工授精在生产上是最佳的配种方式,尤其在杂交肉羊的生产上。从异地引入的种公羊数量少,其他的配种方式根本无法满足杂交改良的需要时,人工授精是一种极为有效的配种方式。人工授精可以大大提高配种效率,但对于羊场规模较小,基础母羊在200只以下,且不具备相应的技术人员和人工授精设施设备,建议采用自然交配或者人工辅助交配的方式(图4-5)。

图4-5　人工辅助交配

60. 如何选择合格的种公羊？

一是要查看系谱，看双亲的生产性能，以及该羊的初生重、平均日增重等。二是体型外貌特征符合品种要求，羊的体格和体重要达到该品种标准，羊体比例协调，各部结合良好；头颈部要求额宽、丰满、颈长度适中、颈肩结合良好；胸深、宽、胸围大，腰背平、宽、长，肋宽开张好；腰结合良好而展开，臀部长、平、宽、直；后肢短直、强健；大腿肌肉丰满，后裆开阔，小腿肥厚呈大弧形。三是体格健壮，性欲强，且精液品质良好（图4-6）。

图4-6　种公羊体型外貌特征

61. 采用人工授精技术时需要注意哪些关键点？

人工授精技术是一项较为成熟的繁殖技术，特别是对于规模羊场来说，采用人工授精技术是减少公羊饲养数量的一项措施。但如何运用这项技术需要注意以下几点：①因地制宜地采用人工授精技术，在北方冬季，要尽量减少人工授精配种比例，多采用人工辅助配种；即使采用人工授精也要在温暖干净的室内进行采精、输精，适当增大输精量。②公羊旺盛的性欲和良好的精液质量是提高配种率的前提，特别是在配种季节或者是胚胎移植集中连续配种时，一是要增加公羊日粮营养，每天喂1～2个鸡蛋；二是加强运动，每天让羊运动1～2小时，这样可以维持公羊较高性欲和保证精液质量。

 62. 如何提高人工授精受胎率？

人工授精受胎率主要取决于几个方面：①要保证参加配种的母羊生殖周期正常，具备正常的发情排卵能力；②种公羊性欲强、精液品质好；③要掌握输精时机，当发现母羊发情时，当天下午输精一次，第二天上午和下午分别输精一次；④要做好精液品质检查，精子活力和密度都要在正常范围之内；⑤做好采精、精液检查、精液稀释和输精等环节的卫生，避免污染，保证精子活力；⑥输精时尽量将精液输送到子宫颈口（图4-7）。

图4-7 人工阴道输精

 63. 如何判断羊群的繁殖水平？

通过常规繁殖性能指标来判断羊群整体生产水平。繁殖性能指标是反映羊群生产水平的重要体现，因此羔羊断奶后要及时根据各项记录总结本繁殖年度的繁殖成绩，总结生产上的经验和存在的问题，分析原因，并针对问题制定相应的措施，为下一年度提高繁殖成绩打下基础。评定母羊繁殖成绩的指标有配种率、受胎率、分娩率、产羔率、羔羊成活率、繁殖率和繁殖成活率七项。

（1）配种率　是指本年度发情配种的母羊数占本年度全部适繁母羊数的百分率。例如，某羊场在某年度适合繁殖的母羊数为100只，其中有95只母羊发情配种成功，那么配种率为95%。计算公式：

配种率=（配种母羊数/适繁母羊数）×100%

适繁母羊是指适合繁殖的母羊，又称适龄母羊、可繁母羊、基础母羊。

（2）受胎率　是指受胎母羊数占配种母羊数的百分率。例如，95只配种母羊中有90只母羊受胎，其受胎率为94.74%。计算公式：

受胎率=（受胎母羊数/配种母羊数）×100%

（3）分娩率　是指分娩母羊占受胎母羊数的百分率。例如，90只受胎母羊中有3只流产、有2只死亡，只有85只受胎母羊产羔，其分娩率为94.4%。计算公式：

分娩率=（分娩母羊数/受胎母羊数）×100%

（4）产羔率　是指产羔数占分娩母羊数的百分率。例如，85只分娩母羊产出255只羔羊，其产羔率为300%。计算公式：

产羔率=（产羔数/分娩母羊数）×100%

（5）羔羊成活率　是指在本年度内断奶成活的羔羊数占出生羔羊的百分率。反映羔羊的饲养水平。

计算方法：羔羊成活率=成活羔羊数/产出羔羊数×100%

也可指断奶时存活的羔羊数占产活羔羊数的百分率。例如，产活羔羊255只，死亡25只，到断奶时存活230只，其羔羊存活率为90.2%。计算公式：

羔羊成活率=（存活羔羊数/产活羔羊数）×100%

（6）繁殖率　是指产活羔羊数占适繁母羊数的百分率。例如，产活羔羊数为255只，适繁母羊数为100只，其繁殖率为255%。计算公式：

繁殖率=（产活羔羊数/适繁母羊数）×100%

（7）繁殖成活率 是指断奶存活的母羊数占适繁母羊数的百分率。例如，断奶存活羔羊230只，共有100只适繁母羊，其繁殖成活率为230%。计算公式：

繁殖成活率＝（存活羔羊数/适繁母羊数）×100%

从前五项公式中可以看出：前一个公式的分子即为后一个公式的分母。因此，应当连续计算，不能缺项。这五项计算公式是计算与分析母羊繁殖成绩的基本项目。之后的第六项和第七项公式是全面反映总体繁殖成绩的计算项目。所列的计算公式是简便方法，复杂计算方法如下：

繁殖率＝配种率×受胎率×分娩率×产羔率

繁殖成活率＝配种率×受胎率×分娩率×产羔率×羔羊成活率

即，繁殖成活率＝繁殖率×羔羊成活率

不难看出，繁殖率的高低受配种率、受胎率、分娩率和产羔率的影响，所以可以把这四项作为影响因子。如果这四项指标都高，那么繁殖率也就会高，如果其中有一项或几项较低，繁殖率也会降低。同理，繁殖成活率是受上述四项指标和羔羊成活率制约的。通过分析某项数值较低的原因，继而找出相应的办法加以改进，可提高整个群体的繁殖效率。

64. 提高母羊繁殖力的主要措施有哪些？

（1）增加能繁母羊的比例 在羊群的结构中，能繁母羊所占比例的大小对羊群的增殖和养羊业的效益有很大的影响。因此，每年都要及时对老龄羊和不孕羊进行淘汰。能繁母羊的年龄以2～5岁为宜，7岁以后的母羊即为老龄羊；要做好繁殖记录，及时了解羊的发情配种情况，掌握羊群繁殖状况，保持可繁母羊的较高比例；导入多胎基因来提高母羊胎产羔数。

（2）导入多胎基因 用多胎品种羊与地方品种羊杂交是提高繁殖力最快、最有效和最简便的方法。湖羊、小尾寒羊作为我国优良的多胎、早熟的地方品种在不少省份相继引种，以改进当地羊的繁殖性能。选择多胎品种的公羊与单胎品种的母羊进行杂交，其所生的后代多具有多胎性，以此提高产羔率。在同一品种内，选留多胎公羊作为种用。

（3）采用同期发情、诱导发情等繁殖技术　同期发情可以实现同期配种、同期分娩，实现工厂化生产；诱导发情技术可以在母羊产后2月左右发情配种，减少产后发情间隔。

（4）缩短产羔间隔　采用羔羊早期断奶，可采用1月龄断奶。配种后进行早期妊娠诊断，在40～45天，借助B超诊断技术对母羊进行早孕诊断，较传统的触摸法提早1.5个月。

65. 杂交羊可以做种羊吗？

通俗地讲，杂交优势就是不同品种间、品系间杂交的后代比亲本具有更大的生活力和生长强度，表现在抗逆性、繁殖力、生长速度、生理活动、产品产量、品质、寿命和适应力等各种性状方面。在肉羊杂交生产中，杂交后代的初生重、饲料转化率、繁殖性能、生长性能等均高于亲本平均值。由于杂交羊是由两个以上血统组成，因此遗传不稳定，生产性能不稳定，影响整体羊群的生产水平，因此不建议留作种用。

66. 购买种公羊应注意哪些事项？

（1）引种地点的选择　建议到正规的种羊场购买基础母羊和种公羊。选购时首先要了解当地发病情况，不要到疫区引种，特别是对传染病如口蹄疫、布鲁氏菌病等应引起高度重视，拒绝购买来自疫区的羊，选羊时要逐个检查，确认无病方可购买调运。

（2）体貌特征鉴定　总的原则就是根据品种标准进行鉴定（图4-8至图4-11）。

①个体鉴定　先对全群进行观察，对羊群品质特征和体格大

图4-8　杜泊种公羊

图4-9　湖羊种公羊

图4-10　黑头萨福克种公羊

图4-11　白头萨福克种公羊

小有感官了解，然后使羊姿势正常，保定在平整、光亮的地方，再仔细观察。主要观察头部、鬐甲、体侧、四肢姿势、臀部发育状态，以及母羊乳房和公羊睾丸等。两眼平视羊背侧部，先看牙口、头部发育、面部有无缺点，然后检查毛和肉用性能。在用手触摸检查时，五指伸直，借助指端手感判定。

　　②体型外貌鉴定　体型外貌鉴定的目的是确定羊的品种特征、种用价值以及生产水平。外貌评分具有很大的主观性，要求鉴定人员要有一定的经验。为了提高鉴定的客观性，可将外貌评定与体尺测量结合起来进行。不同生产性能的羊有不同的外貌特征，因而评分标准也不同，均是通过对各部位打分，最后求出总评分来表示评定结果。将公羊外貌划分为四大部分：整体结构、肥育状态、体躯和四肢，各部分给分标准分别为25分、25分、30分、20分；合计100分；母羊分为整体结构、体躯、母性特征和四肢，

各部分评分标准分别为25分、25分、30分、20分，合计100分。

③产肉性能鉴定　用手触摸颈部肌肉充实程度，鬐甲至尾基部肌肉、臀和大腿肌肉发育情况，检查胸部的宽、深度和胸围大小，然后检查腰角距离宽度，腰角至臀端的长度和后躯深度，进行产肉性能评价。

④体况鉴定　母羊体况直接决定羊群整体的繁殖力，随时评定繁殖母羊体况是保证母羊发挥正常生产能力的重要措施。繁殖母羊体况鉴定可以用5分制，体况以3分为适宜。

（3）种羊的挑选　在挑选种羊时，首先看是否符合所购品种特性，然后再从精神状态、体型外貌、系谱和免疫记录等方面逐一查看。

①看精神状态　凡精神萎靡、被毛紊乱、毛色发黄、被毛黯淡无光、步态蹒跚、喜欢独蹲墙角或喜欢卧地不起者多数为病羊；有些羊特别是当年羔羊或1周岁的青年羊，有转圈运动行为，多为患脑包虫的病羊；有的羊精神状态尚好，但膘情极差，甚至骨瘦如柴，大都是由于误食塑料造成；年龄过大的淘汰羊，部分牙齿脱落，无法采食草料，均不能作为种羊，挑选时要予以排除。

②看体型外貌　体格大、体躯长，肋骨开张良好，体型呈圆筒状者，体表面积大，肌肉附着多，上膘后增重幅度大。头短而粗，腿短，体型偏向肉用型者增重速度快。十字部和背部的膘情是挑选的主要依据。手摸时骨骼明显者膘情较差；若手感骨骼上稍有一些肌肉，膘情为中等；手感肌肉较丰满者，膘情较好。在市场上收购的羊，大多属前两种，因此在挑选种羊时要选择中等膘情的羊。

③查阅系谱和免疫记录　正规的种羊场一般均有系谱记录和免疫接种记录，挑选种羊时要根据系谱档案，选择多胎和生殖规律正常的初产母羊，或者其后代青年羊。

（4）年龄鉴定　种羊在进行其他项目鉴定之前，首先要进行年龄鉴定，年龄对于公、母羊的繁殖性能影响很大。研究表明，母羊的最佳繁殖年龄在3～4岁，初产母羊产羔数少，母性差，高龄母羊虽然产羔数有所提高，但泌乳力下降，带羔能力减弱，因此要建立高产并容易管理的繁殖母羊群，必须考虑年龄结构。年龄鉴定首先要依靠种羊场的个体出生日期记录，但在记录不详、卡片丢失、市场交易等情况，比较可靠的年龄鉴定方法是牙齿鉴定，主要根据下颌门齿的发生、更换、磨损、脱落情况来判断，判断误差因品种、地区和鉴定者的经验而异，一般不超过半岁。成年羊共有32枚牙齿，上颌有12枚臼齿，每边各6枚，上颌无门齿，仅有角质层形成的齿垫，下颌有20枚牙齿，其中12枚是臼齿，每边各6枚，8枚是门齿，也叫切齿。羔羊出生时就有6枚乳齿，1月龄左右8枚乳齿长齐；1.5岁左右乳齿齿冠有一定程度磨损，钳齿脱落，并在原脱落部位长出第一对永久齿；2岁时中间齿更换，长出第二对永久齿；3岁时第四对乳齿更换成永久齿；4岁时8枚门齿的咀嚼面磨损得较为平直，俗称齐口；5岁时可以见到个别牙齿有明显的齿星，说明齿冠已基本磨完，暴露了齿髓；6岁时已经磨到齿颈部，因此门齿出现了明显的缝隙；7岁时缝隙更大，出现露孔现象，这时绝大部分母羊的繁殖性能很低，失去了种用价值，应及时淘汰。牙齿鉴定可以用以下顺口溜方便记忆：一岁半中齿换，到两岁换两对，两岁半三对换，满三岁牙换齐，四磨平五齿星，六现缝七露孔，八松动九掉牙，十磨净。

67. 如何调教后备种公羊？

种公羊一般在10月龄开始调教，体重达到60千克以上时应及时训练其配种能力。调教时地面要平坦，不能太粗糙或太光滑。不可长时间训练，一般调教1小时左右为宜，待第2天再进行调教。进行调教训练，一是刺激训练，给公羊带上试情布放在母羊群中，令其寻找发情母羊，以刺激和激发其产生性欲（图4-12）。二是观摩训练，让公羊观摩其他公羊配种。三是本交训练，调教前应增加运动量以提高其体质的运动能力和肺活量。调教时，让其接触发情稳定的母羊，最好选择比其体重小的母羊进行训练，

图4-12　通过母羊刺激调教种公羊

不可让其与母羊进行咬架。第一次配种完成时应让其休息。四是采精训练，将与其体格匹配的发情母羊作为台羊，当后备公羊爬跨时，迅速将阴茎导入假阴道内，注意假阴道的倾斜度，应与公羊阴茎伸出的方向一致。整个采精过程要保持安静，利于公羊在放松的情况下进入工作状态。

 68. 肉羊常见的产科疾病有哪些？如何预防？

肉羊常见的产科疾病主要有乳腺炎、子宫内膜炎、胎衣不下和产后瘫痪。

（1）乳腺炎的预防　羊舍要保持清洁、通风、干燥、保温，经常进行消毒。挤奶时乳房及手指要消毒，发现有乳腺炎时要及时隔离治疗。

（2）子宫内膜炎的预防　加强饲养管理，做好传染病的防治工作；适当加强运动，提高机体抵抗力；配种、人工授精及助产时，严格消毒、规范操作。及时治疗流产、难产、胎衣不下、阴道炎等产科疾病，以防损害和感染。

（3）胎衣不下的预防　加强妊娠母羊的运动，控制饮食，平衡营养。

（4）产后瘫痪的预防　分娩前要科学调整饲料中的含钙量，

分娩时要及时增加钙的供应，并结合补充适量的维生素 D 等。

 69. 优质种公羊的评价标准包括哪些内容？

一是体貌特征要符合品种要求；二是生产性能要好，如果是肉羊，产肉性能要强；三是配种能力要强，性欲强、精液品质好，爬跨能力强；四是体况要好，膘情处于中等偏上膘情。

 70. 公羊和母羊为什么不能同圈饲养？

一是公羊和母羊的营养需要不同，如果同圈饲养会影响生长发育和公、母羊的性能；二是达到性成熟的成年公羊和母羊容易偷配，导致血统混乱，不利于羊群管理和更新发展。

 71. 维生素 A 与羊群繁殖有哪些关系？如何避免种羊缺乏维生素 A？

维生素 A 对维持羊正常的视觉、促进细胞增殖、维持器官上皮细胞的正常活动有重要功能，并能调节有关养分的代谢。维生素 A 缺乏时，羊采食量下降，生长停滞，消瘦，皮毛粗糙、无光泽，未成年羊出现夜盲、甚至完全失明；母羊发情期缩短或延迟，受胎率低，产后子宫发炎；公羊性机能减退，精子质量下降。青草饲料、青贮饲料、胡萝卜中含有大量的胡萝卜素，是肉羊获得维生素 A 的主要来源。麦秸、稻草和劣质干草中的胡萝卜素含量很低，舍饲羊长期饲喂这些粗饲料时需补充维生素 A。在繁殖季节可以饲喂胡萝卜或补充维生素 A。

 72. 怎样控制羊群血统比例及做好系谱记录？

首先要掌握羊群的血统比例，了解每个血统公羊的配种能力及更新情况，在配种时，要根据整个羊群血统分布比例来选择种公羊。尽量保证每个血统的公羊配种能力均衡，以保持每个血统均衡。掌握羊群血统比例要在完善的系谱记录的基础上进行。系谱记录主要包括配种记录、产羔记录、新生羔羊耳标记录、母羊产羔档案和配种档案。

73. 羊繁殖调控技术有哪些？

（1）同期发情　这项技术除用于胚胎移植外，还多应用于肉羊生产，可有计划地进行羔羊的同期育肥和出栏，有利于减少管理开支，降低生产成本。常用的药物有氯前列烯醇、孕激素海绵栓、孕马血清、三合激素等。

（2）超数排卵　超数排卵对提高母羊产羔数，特别是发挥优良母羊的遗传潜力及使用效率，具有重要意义，同时也是胚胎移植的核心技术之一。具体方法：在成年母羊发情到来的前4天，肌内或皮下注射孕马血清促性腺激素200～400国际单位，出现发情后立即配种，并在当天肌内或静脉注射人绒毛膜促性腺激素500～700国际单位，以达到超数排卵的目的。

（3）诱导发情　诱导发情是针对乏情期内的成年母羊，人为借助外源激素、生物学刺激等方法，引起其发情并进行配种的技术（图4-13）。其通过打破母羊的季节性繁殖规律，缩短母羊繁殖

图4-13　注射生殖激素诱导母羊发情

周期，来提高母羊繁殖率和养羊的经济效益。

 如何提高种公羊的配种能力?

（1）加强饲养　种公羊的饲料应选择营养价值高，含足量蛋白质、维生素和矿物质，且易消化、适口性好的饲料。生产中根据实际情况适当调整日粮组成，满足种公羊在不同阶段对饲料的需求。

①非配种期　我国大部分绵羊品种的繁殖季节很明显，大多集中在9—12月，非配种期较长。冬季饲养既要有利于种公羊的体况恢复，又要保证其安全越冬度春。精粗饲料应合理搭配，喂适量青绿多汁饲料（或青贮饲料）。对舍饲种公羊（体重70～90千克），每日每只喂给混合精饲料0.5～0.6千克、优质干草2～2.5千克、多汁饲料1～1.5千克。

②配种预备期　指配种前1～1.5个月。此期应逐渐调整种公羊的日粮，将混合精饲料增加到配种期的喂量。

③配种期　种公羊在配种期内要消耗大量的营养和体力，为使种公羊拥有健壮的体质、充沛的精力、良好的精液品质，必须精心饲养，满足其营养需求。一般对于体重在70～90千克的种公羊，每日每只饲喂混合精饲料1.0～1.2千克、苜蓿干草或优质干草2千克、胡萝卜0.5～1.5千克、食盐15～20克，必要时可补给一些动物性蛋白质饲料，如羊奶、鸡蛋等，以弥补配种时期大量的营养消耗。

（2）科学管理

①环境控制　一般种公羊的圈舍要适当大一些，为公羊提供充足的运动场地。圈舍地面坚实、干燥，舍内保持阳光充足，空气流通。冬季圈舍要防寒保温，以减少饲料的消耗和疾病的发生；夏季高温时防暑降温，避免影响公羊食欲、性欲及精液质量。为防止疾病发生，定期做好圈舍内外的消毒工作。

②加强运动　运动有利于促进食欲，增强公羊体质，提高性

欲和精子活力，但过度的运动也会影响公羊配种。一般运动强度在30～60分钟为宜，每天早晨或下午各运动1次（图4-14）。

图4-14　种公羊运动场

③定期检测精液品质　精液品质的好坏决定种公羊的可利用价值和配种能力，对母羊受胎率影响极大。配种季节，无论本交还是人工授精，都应提前检测公羊的精液质量，确保配种工作的成功。通常对精液的射精量、颜色、气味、pH、精子密度和活力等项目进行检测。

④疾病防治　为防止传染病的发生，必须严格执行免疫计划，保质保量地完成羊三联（羊快疫、猝狙、肠毒血症）、口蹄疫、羊痘、羊口疮及布鲁氏菌病、传染性胸膜肺炎等疫苗的接种工作。定期检测布鲁氏菌病，疫区每年检测1次，非疫区可2年检测1次。定期驱虫，一般春、秋两季进行，严重时可3个月驱虫1次。驱体内寄生虫可注射阿维菌素，口服左旋咪唑、虫克星等；驱体外寄生虫可用敌百虫片按比例配温水洗浴羊身，或用柏松杀虫粉、虱蚤杀无敌粉灭虫。

⑤单独饲养　对种公羊的管理应保持常年相对稳定，最好有专人负责。单独组群，避免公、母羊混养，避免造成盲目交配，影响公羊性欲。

⑥精心护理　经常对公羊进行刷拭，最好每天1次。定期修蹄（图4-15），一般每季度1次。耐心调教，和蔼待羊，驯养为主，防止恶癖。

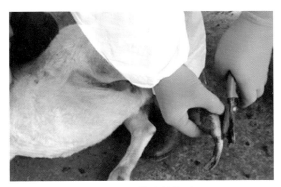

图4-15　种公羊修蹄

75. 种公羊的选种注意事项有哪些?

一是算好留种率、种公羊的更新周期,如果更新周期按5年算,每年的更新率就是20%;二是不要选择单羔留种,单羔生长速度快,但单羔可能没有高繁基因,如果所有公羊选择单胎留种,那么以后羊群的繁殖效率会大大降低。

76. 如何改善种公羊精液品质?

一是增加日粮营养浓度,在配种任务繁重时期,每天饲喂1 ~ 2个鸡蛋,饲喂优质的苜蓿、花生秧等干草,提高精饲料中的蛋白质和能量比例;二是加强运动,一般运动时间在30 ~ 60分钟为宜,每天早晨或下午各运动1次;三是控制配种强度,配种时每天可使用1 ~ 2次,即使任务繁重,国外品种公羊每天配种或采精次数也不应超过3次,本地品种不超过4次。为防止种公羊使用过度,第一和第二次配种或采精须间隔15分钟,第二次和第三次配种须间隔2小时以上,确保种公羊的精液质量。

77. 如何防止羊群出现近交衰退现象？

一是做好繁殖记录，熟悉羊群血统比例；二是做好选种选配，控制血统比例均衡；三是适度引入外血，增加羊群血统。

78. 种羊场和自繁自养场有哪些区别？

根据饲养品种和繁育类型，羊场可分为种羊生产、自繁自养和专业育肥。种羊生产主要是进行优良品种纯繁，以出售种羊为主；自繁自养主要是指饲养本地母羊和优良品种公羊，进行经济杂交，杂交后代进行育肥，以出售商品育肥羊为主；专业育肥主要是指购买断奶羔羊或架子羊专门育肥，不进行种羊繁育，以强化育肥为主要生产方式，以出售育肥羊为主。

（1）种羊场　首先要有足够资金，选择市场需求的优良品种。种羊场对羊舍及附属设施、技术要求相对较高，要不断加强品种的选育，不断提高品种的生产性能。而且要组建种羊销售团队，保证生产的合格种羊能够以较高价格销售。种羊生产经营需要资金较多，适合拥有雄厚资金的投资者。

（2）自繁自养场　规模可大可小，从几只基础母羊到几百只基础母羊都可。规模小可以在庭院进行饲养，规模大需要专门建场，而且技术要求高，建场要有规划，对管理要求也高。目前，这种类型的羊场占大多数，规模可控、场地、建设条件、管理要求、技术水平都与养殖规模有密切关系，农户一般饲养基础母羊在几十只到上百只，中小型羊场一般基础母羊在一百只以上。该类型羊场特点是通过生产肉羊带来效益，生产环节包括繁育、羔羊育肥，规模稍大的羊场还包含自配饲料，需要做好饲草储备计划，效益好坏的关键在于生产管理，对技术水平和生产管理要求较高。

怎样减少不孕不育羊的比例？

一是做好生产记录，记录每只母羊的发情、配种、妊娠、分娩、哺乳、断奶等繁殖活动。发现生殖活动不正常的母羊要及时进行人工干预，或者及时淘汰。二是在上述繁殖生产环节，正确操作，做好卫生，减少生殖道的污染，避免一些繁殖疾病的发生。三是做好饲养管理，保证羊的膘情符合生产阶段要求。

怎样做好羊群周转计划和管理？

一是在做好生产记录和统计的基础上准确评估羊群的生产能力；二是要根据市场行情、经营情况对羊群发展做出下一年的羊群更新计划，如在羊群规模不变的情况下，根据羊群更新周期对公、母羊留种率做出计划。一个好的羊群结构是保持较高生产性能的重要因素，一般公、母羊比例为1：30，可繁母羊所占比例为80%，后备母羊占15%，成年可用公羊占3%，后备公羊占2%。

杂交类型有哪些？选择经济杂交父本一般遵循哪些原则？

按照杂交亲本数量分为二元杂交、三元杂交、四元杂交。二元杂交是指两个品种进行交配，一个品种做父本，另一个品种做母本；三元杂交是指三个品种进行交配的杂交类型；四元杂交是指利用四个各具特点的品种杂交。

（1）二元杂交　是以两个不同品种的公、母羊杂交，专门利用杂种优势生产商品肉羊，是在生产中应用较多而且比较简单的方法，一般是用本地品种的母羊与外来的优良公羊交配，所得的一代杂种全部育肥。

（2）三元杂交　是指先由两个品种交配，其后代再与第三个品种公羊进行交配。由于杂交来自具有杂种优势的羊群，因而可望获得更高的杂种优势。但三元杂交周期长，需要生产二元杂交一代，即需要饲养三个品种羊。

（3）四元杂交 一般有两种形式，一种是用三个品种杂交的杂种羊做母本，再与另一品种公羊杂交；另一种是先用四个品种分别两两杂交，然后在两杂种间杂交。这种杂交方式遗传基础广，能形成较大的杂种优势，不但可以利用杂种母羊的优势，还可以利用杂种公羊的优势，如配种能力强，第一次杂交所产生的杂种，有的做第二次杂交的父本，有的做母本。这种杂交方式更为复杂，周期更长，饲养成本也更高，一般农户饲养不建议采用这种方式。

对于自繁自养的中小型肉羊场，二元杂交比较快捷、易操作，杂交后代不论公、母，直接快速育肥进行商品肉羊生产。对于规模较大的羊场可以采用三元杂交，周期较长，二元杂交公羊全部育肥出栏；二元杂交后代母羊需要等到性成熟再与终端父本杂交生产三元杂交后代，三元杂交后代全部育肥。

在肉羊生产中，经济杂交父本品种的选择应遵循以下原则：①选择肉羊品种或品系，因为肉用品种具有生长发育快、产肉量多、肉质好的特点；②选择适应性强的父本品种，如果父本品种适应性差，不仅本身发育受到影响，也会影响杂交后代的适应性及生长发育；③选择繁殖性能高的品种，这样可以使单位羊群提供更多的杂种后代；④选择较容易获得的肉用种羊品种，要考虑引种费用及肉用种羊在区域内的分布，即获得的可能性；⑤选择合适的父本，根据母羊品种的优缺点情况选择父本，使杂交组合达到最佳。

五、营养管理篇

82. 动物营养与管理的经济学意义有哪些？

动物营养是指动物采食、消化、吸收、利用饲料中营养物质的全过程，是一系列化学、物理及生理变化的总称。它是动物生长、繁殖、生产等一切生命活动的基础。在实际生产中，饲料成本达总生产成本的60%～75%，为节约成本，应该因地制宜，在满足动物营养需求的情况下，以有效成本最低为原则，既要注重质量，又要保证经济效益。此外，还必须结合管理，管理可以减少饲料的浪费，针对不同的群体制定不同营养浓度的饲料配方，使饲料中营养物质的利用率达到最大化，以达到节本增效的目标。

如今，我国要引导种植业进行农场化经营，利用可再生资源（如太阳能、风能），以种定饲，即以饲草种植面积来确定养殖场的规模。举例来说，如果是200公顷种植地，可建一座约25 000只的肉羊场，将收集的羊粪进行处理，然后用作农田饲草作物的肥料（图5-1）。

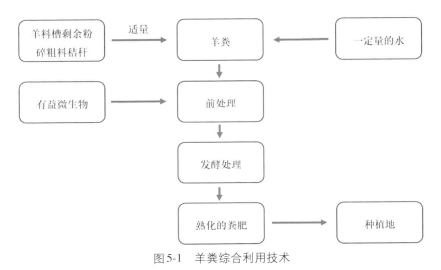

图5-1　羊粪综合利用技术

83. 如何制订规模化羊场的营养管理计划？

规模化养羊场必须细化羊群管理（图5-2），要合理分工、保证生产、分段饲养。不同生产阶段，不同的群体，要根据其不同的生产需求，制定不同的营养方案，只有精细管理才能发挥规模效益。种母羊可分为空怀期、配种期、妊娠前期、妊娠后期、围产期、哺乳期；种公羊主要有配种期和休整期；羔羊主要分为哺乳期、育成期等。各期均有不同的营养需要，根据生产需要分为维持需要、生长需要、繁殖需要、妊娠需要等。

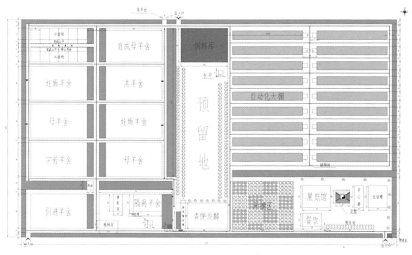

图5-2　羊场圈舍分布

84. 肉羊需要哪些营养素？

饲料中凡是能被肉羊用以维持生命、繁殖后代及生产产品的物质，统称为营养素。

（1）水　是动物体主要的组成部分，是肉羊体内一切化学反应的介质，参与体温调节，是肉羊营养物质吸收、转运和代谢废物排泄所必需的溶剂。

（2）能量 是肉羊最重要的基础营养物质，能量水平对于其生长发育、增重、生产力、繁殖力都有着重要的影响作用。正常情况下，放牧的肉羊要比舍饲羊耗能多，冬季比夏季耗能多。

（3）蛋白质 是由多种氨基酸组成的，对蛋白质的需要量同时也是对氨基酸的需要。蛋白质是构建肉羊机体组织细胞的主要原料，是肉羊代谢活动中酶、激素及免疫抗体的主要成分，当供能不足时，机体可通过分解蛋白质用以供能。

（4）粗纤维 是肉羊维持瘤胃正常功能和健康所必需的营养素，肉羊采食粗饲料后，通过瘤胃微生物将粗纤维降解为主要能源物质挥发性脂肪酸以供能。

（5）脂肪 是含能最高的营养素，也是构成机体组织的重要成分，所有器官和组织都含有脂肪，是体内储存能量的最好形式。

（6）矿物质 肉羊体内组织中的矿物质是机体的重要组成成分，同时还参与了所有的生理过程，是生命活动的重要物质。如果矿物质缺乏会导致肉羊出现一系列的异常现象，出现神经系统、肌肉运动、营养运输、血液凝固、体内酸碱平衡等功能紊乱，影响肉羊的生产性能、健康，甚至还会危及肉羊的生命。

（7）维生素 是肉羊代谢所必需的但需要量极少的低分子有机化合物，主要以辅酶和催化剂的形式参与体内代谢活动，保证机体组织器官的细胞结构和功能正常。它不能用任何物质来代替，也不能代替其他营养物质，缺乏时将使机体内的新陈代谢发生紊乱，引起各种维生素缺乏症，导致肉羊生长缓慢、停滞、生产力下降。

85. 肉羊不同品种和不同生理阶段的营养需要量如何制定？

不同品种、不同生理阶段的肉羊，其消化系统发育程度、营养吸收效率等不同，营养需要是不一样的。所以在制定营养需要量时，首先要考虑品种特征如体格大小、生理阶段及生长速度等，然后根据不同生理阶段参照不同的营养需要标准，科学合理地配制日粮营养浓度。

 86. 青年母羊孕期的营养需要量如何规定？

青年母羊孕期的营养除满足胎儿生长发育外，还要考虑自身生长，因为此时母羊达到了性成熟，但还未达到体成熟，其对蛋白质需求量相对较高，在制定饲料配方时要优先考虑其对蛋白质的需要。一般认为，青年母羊日粮中蛋白质的含量应该为12%左右。同时应补充微量元素与维生素A、维生素D、维生素E等，每天每只羊补充10～15克，均匀添加于精饲料中，或直接使用母羊妊娠期专用预混料。

 87. 后备羊生长育肥期的营养需要量如何规定？

不同品种、不同日龄的后备羊营养需要量各有不同。饲料配方应在考虑能蛋平衡、氨基酸平衡和饲养成本的情况下，给予后备羊优质、易消化的蛋白质和能量饲料。后备羊生长育肥期干物质采食量约占体重的4%。

 88. 育肥羊转场应激的营养需要量如何推荐？

育肥羊转场应激主要存在心理应激和瘤胃应激反应。主要表现精神沉郁或焦虑、饥饿、脱水、消化不良等。转场后需要迅速补充维生素、电解质和能量，使瘤胃恢复消化功能。例如，饮水中给予电解多维，口服补液盐等，给予适量优质青干草和益生菌，使瘤胃机能恢复健康。待羊精神状况好转后，根据其体重及日增重给予适量的精饲料，并根据消化能力和采食量逐渐增加投喂量。

89. 断奶前羔羊采用颗粒饲料补饲的营养需要量如何推荐？

羔羊在断奶前应采用颗粒饲料进行补饲，以满足其生长发育和瘤胃发育需要。因为随着羔羊的生长母乳已不能满足其营养需要，必须补充颗粒饲料；另外补充颗粒饲料对母羊的体况恢复也有利。断奶前羔羊的生长速度比较快，颗粒饲料应该供应充足，并使羔羊自由采食。

90. 肉羊饲料配方如何制定？

肉羊的育肥是通过饲料营养技术追求肉羊最大日增重以实现经济效益最大化的过程。饲料配方需要结合肉羊饲养标准，根据不同肉羊品种实际营养需要适当地调整，主要考虑能量蛋白质平衡、氨基酸平衡和精粗饲料比，以保证育肥过程瘤胃健康。其次考虑羊的消化生理特点，合理地选择多种饲料原料，并注意饲料的适口性。另外，要尽量选择来源广、价格便宜的饲料原料来配制日粮（表5-1）。

表5-1　某肉羊场饲料配方

项目	含量（%）
原料	
青贮玉米	25.00
秸秆	20.00
玉米	32.50
麸皮	4.37
豆粕	9.70
葵花粕	5.00
亚麻粕	1.00

（续）

项目	含量（%）
石粉	0.53
磷酸氢钙	0.20
食盐	0.70
小苏打	0.20
预混料	0.80

注：预混料为每千克饲料提供钙10.5克，磷6.2克，维生素A30 000国际单位，维生素D$_3$10 000国际单位，维生素E100毫克，铁1克，钠3.5克，锰50毫克，锌100毫克，铜15毫克，硒0.3毫克，碘0.9毫克，钴0.6毫克。

 91. 肉羊常用的副产品类饲料有哪些？营养特点如何？

常用副产品类饲料包括玉米秸秆、麦秸、稻草、葵花盘、柠条等。

（1）玉米秸秆　粗蛋白的含量约为3.5%，粗纤维为33.4%，钙为0.31%，磷为0.1%。

（2）麦秸　粗蛋白质含量约为3.6%，粗脂肪为1.8%，粗纤维为41.2%，无氮浸出物为40.9%，粗灰分为7.5%。

（3）稻草　粗蛋白质含量为3%～5%，粗纤维的含量为34%左右。稻草中含硅较高，为12%～16%。

（4）葵花盘　粗蛋白质含量约为9%，粗脂肪为6.5%，粗纤维为17.7%，粗灰分为10.1%，无氮浸出物为48.9%，果胶为2.4%～3%。

（5）柠条　粗蛋白质含量约为15.1%，粗脂肪为2.6%，粗纤维为39.7%，无氮浸出物为37.2%，粗灰分为5.4%，钙为2.31%，磷为0.32%。

总体营养特点是粗纤维含量高，适口性差，不易消化，钙、磷等含量高，但经青贮、黄贮、氨化及糖化等处理后可提高其利用率。

92. 肉羊常用的蛋白质类饲料有哪些？营养特点如何？

常用蛋白饲料包括豆粕、棉籽粕、菜籽粕、葵花粕等。

（1）豆粕 大豆粕蛋白质含量较高，适口性好。必需氨基酸的组成比例好，赖氨酸含量在饼粕类饲料中最高，蛋氨酸含量较少，仅含0.5%～0.7%。但含有胰蛋白酶抑制因子，大豆粕生喂时适口性差，消化率低，饲喂后肉羊有腹泻现象，熟化可防止腹泻。

（2）棉籽粕 蛋白质含量为32%～37%，赖氨酸和蛋氨酸含量较低，分别为1.48%和0.54%，精氨酸含量过高，达3.6%～3.8%。但含有毒物质棉酚，对动物健康有害，日粮中应控制添加比例。

（3）菜籽粕 瘤胃中的降解速度低于豆粕，过瘤胃蛋白质较多。适口性差，消化率较低，含有硫甙，水解会生成异硫氰酸酯，对动物有害。饲粮中菜籽粕用量不宜过多。

（4）葵花粕 我国葵花粕的粗蛋白质含量较低，一般为28%～32%，可利用能量较低，赖氨酸含量不足（低于大豆粕、花生粕和棉粕），为1.1%～1.2%，蛋氨酸含量较高，为0.6%～0.7%。

93. 肉羊饲料需要补充哪些氨基酸？

补充过瘤胃蛋氨酸、赖氨酸。其中过瘤胃蛋氨酸与家畜机体平衡状态和生产性能密切相关，能够显著提高营养物质消化率，参与机体蛋白质合成，促进细胞增殖和动物生长；而蛋氨酸在瘤胃微生物的作用下会被大量降解，故需要补充过瘤胃蛋氨酸。赖氨酸是哺乳动物的必需氨基酸之一，可促进肉羊生长发育、增强机体免疫力、抗病毒、促进脂肪氧化，但肉羊自身不能合成，必须从食物中补充。赖氨酸主要存在于动物性产品和豆类中，而肉羊是草食动物，动物性产品不符合肉羊采食习性，且配合饲料的谷类饲料原料中赖氨酸含量很低，不足以满足肉羊营养需要，因此需要额外补充。

94. 肉羊常用的粗饲料有哪些？

肉羊常用粗饲料包括青干草、秸秆和秕壳。

（1）青干草　常用青干草包括禾本科类青干草和谷类，禾本科类青干草有苜蓿、沙打旺、羊草、黑麦草、苏丹草、无芒雀麦和冰草等，这些原料适口性好，但彼此间品质差异大；谷类青干草有大麦、黑麦和燕麦等，属低质粗饲料，蛋白质和矿物质含量低，纤维木质化程度高。

（2）秸秆　农作物收获籽实后的茎秆和叶子，常用的有玉米秸、麦秸、稻草、谷草和豆秸。

（3）秕壳　农作物籽实收获加工过程中分离的外皮和夹皮等物质，常用的有稻壳、谷壳、棉籽壳和各种豆荚。

95. 肉羊常用的矿物质和维生素饲料有哪些？营养特点如何？

（1）常用矿物质饲料

①氯化钠（NaCl）　主要以食盐为主，有调味作用，刺激肉羊唾液分泌，加速淀粉酶活动；Na是合成胆汁的原料，Cl是胃酸的必需元素；NaCl还可以调节酸碱平衡，维持渗透压。

②钙（Ga）和磷（P）　是羊体牙齿和骨骼的主要成分，常用的有石灰、石粉、磷酸氢钙和磷酸二氢钙等，适口性较差。食用钙化物一般不会出现食物中毒，但体内过量的Ga会加速其他元素的缺乏，如铁、锌、碘、镁、磷等。

③硫（S）　是瘤胃微生物良好生长的重要养分，可以维持瘤胃正常机能；S也是羊毛和黏蛋白的重要组成成分，常用的有硫酸钙和硫酸钠，适口性不好。

（2）常用维生素饲料 脂溶性维生素饲料包括维生素A、维生素D、维生素E、维生素K；水溶性维生素饲料包括维生素C和B族维生素。青绿饲料作物、蔬菜和水果维生素含量丰富，适口性也好，羊也喜食。羊瘤胃机能正常时，自身合成的B族维生素可以满足生长需要，所以成年的肉羊一般不需要补充B族维生素。

 96. 肉羊常用的谷物类饲料有哪些？营养特点如何？

常用谷物类饲料主要分两大类，分别为谷实类和糠麸类。谷实类有玉米、小麦、大麦和燕麦等，糠麸类为谷实类加工的副产品。谷物类饲料营养特点如下。

（1）玉米 有能量之王美誉，主要是因为淀粉含量高，蛋白质含量较低，有丰富的胡萝卜素。

（2）小麦 与玉米比较而言，能量较低，蛋白质和B族维生素及维生素E含量较高。

（3）大麦 蛋白高于玉米且品质好，能值不如玉米，但粗纤维多于玉米，赖氨酸和色氨酸含量丰富。

（4）燕麦 蛋白质含量高，但总营养价值不如玉米，磷多钙少，矿物质和脂溶性维生素较少。

（5）麸皮 粗蛋白质含量较高，在14%左右，适口性好。具有轻泻作用，喂量不宜过大。

（6）玉米皮 粗蛋白质含量10.1%，粗纤维含量9.1%～13.8%，但可消化性比玉米差。

（7）米糠 粗脂肪含量较高，容易在酶和微生物作用下酸败。

 97. 肉羊对水的需要量和对水质有哪些要求？

饮水是肉羊获取水的最重要来源，随羊采食饲料进入体内的水，因饲料种类和饲喂方式不同，有较大的差异。在肉羊体内，代谢水的形成量有限，远不能满足肉羊对水的需求。肉羊对水的需要量保持在一个稳定的范围，一般为干物质采食量的3～5倍。随着肉羊的增长，机体内的水分含量减少，单位体重的采食量下降，肉羊的需水量也相对减少。许多因素都影响羊对水的需要量，如气温、饲粮类型、饲养水平、水的质量、肉羊大小及生产性能等。

水的质量影响肉羊的饮水量、饲料消耗和健康，并影响生产。水中有些物质影响适口性，如碱水、盐水，当这类物质摄入过多时，可对肉羊造成中毒。水中具有毒性的物质还有亚硝酸、氟和一些重金属盐类，有毒性又影响适口性的物质还有病原微生物、真菌、碳氢化合物和其他油类物质、各种杀虫剂、工业化合物、污水等。肉羊的需水量随饲料种类、天气冷热而不同。饲料干、天气热时，需水量将增大，要保证为肉羊供给清洁干净的饮水；寒冷的冬季还要保证合理的水温。

98. 饲料的霉菌毒素对肉羊有哪些危害？如何避免？

饲料被霉菌毒素污染后，适口性差，营养价值降低，会影响动物生长发育及生产性能；会引起肉羊流产、受胎率下降等繁殖机能障碍；还会损害肉羊免疫系统，降低免疫机能，发生腹泻等。

避免危害：①原料把控，严格控制好采购原料的水分，以免储存过程中原料发生霉变；加强对原料或者饲料产品的霉菌毒素检测和品控。②保持储存环境达标，仓库内保持通风、干燥等。③保持卫生环境良好，定期检查饲喂系统内是否有饲料残留或者饲草料霉变情况等，要及时清理。④使用饲料防霉剂，要依照相应条件选择防霉剂，以达到最好的防霉效果。

六、健康管理篇

肉羊养殖场生物安全包括哪些内容?

肉羊养殖场的生物安全是为杜绝或减少致病微生物的传播和扩散，防止或减少病菌对动物的致病攻击，保证动物健康而采取消毒、隔离、免疫等的一系列疫病防控措施。肉羊养殖场生物安全包括羊场的生物安全带、羊场蚊蝇虻的控制和病死羊的处理。

(1) 羊场的生物安全带　羊场四周设置围墙及防护林带，最好在院墙外建有防疫沟，沟内常年有水。防止闲杂人员及其他畜禽进入种羊场。同时，利用羊舍间防疫间距进行绿化布置，有利于防疫，同时也可净化空气，改善生产生活环境（图6-1）。

图6-1　羊舍间绿化带

(2) 羊场蚊蝇虻的控制　蚊、蝇、虻是羊场传播疾病的有害昆虫，对于羊场的生物安全有很大影响，因此必须予以重视。除了在易于滋生蚊、蝇、虻的污水沟定期投药外，还可以在场区设置诱蚊、诱蝇、诱虻的水池和悬挂灭蚊蝇装置。此外，对于羊场的粪便贮存设施及粪堆应以塑料薄膜覆盖，也可以减少蚊蝇虻滋生。

(3) 病死羊的处理　兽医室和病羊隔离舍应设在羊场的下风头，距羊舍100米以上，防止疾病传播。在隔离舍附近应设置掩埋病羊尸体的深坑（井），对死羊要及时进行无害化处理。对场地、人员、用具应选用适当的消毒药及消毒方法进行消毒。病羊和健康羊要分开喂养，派专人管理，对病羊所停留的场所、污染的环境和用具都要进行消毒。

 100. 肉羊养殖场兽医室对设施设备有哪些要求？

兽医室是开展兽医诊疗和存放相关防疫药品的场所，在规模化羊场中必须设立兽医室。兽医室不仅能对发病羊进行常规的细菌学检查和血清学检测，结合流行病学、临床症状和病理剖检等做出快速而准确的诊断，同时还可以对某些传染病进行定期监测。

（1）兽医室的设施要求　兽医室应建立在羊场的卫生防疫隔离区内，与生产区及生产管理区之间应保持300米以上的距离。一般将其隔成大小2间房。小房间主要用于病死羊的剖检，病料采集、器皿清洗、试验准备等；大房间用于放置仪器设备、药品试剂柜、工作台、无菌操作间或超净工作台，以及进行细菌的分离、接种培养和实验诊断等。

（2）兽医室必备的设备物品　包括常用的剖检器械、玻璃器皿、试剂、培养基、药敏纸片、细菌分离培养的相关仪器、血清学检测的相关设备及诊断试剂盒、寄生虫检验的相关仪器及药品等。

 101. 养殖场（户）必备的消毒剂有哪些？如何应用？

消毒是最简单、成本最低的控制疫情的方法。养殖场（户）必备消毒剂的种类及其使用方法如下（图6-2）：

（1）烧碱　又名苛性钠、氢氧化钠，有很强的杀灭作用，常配成1%～2%的水溶液用于圈舍、路面等消毒，加入5%～10%食盐可增强效果。

（2）石灰乳　俗称熟石灰或消石灰。生石灰与水等量混匀后

图6-2　养殖场常用消毒剂

制成熟石灰，再用水配成10%～20%的混悬液用于消毒。现配现用，用于粉刷墙面地面、围栏等。

（3）次氯酸钠　是84消毒液的主要成分，使用前稀释，0.3%的浓度可带畜消毒。

（4）酒精、碘酒、碘伏　70%～75%浓度范围内的酒精才具有较好消毒效果，这3种消毒液常用于人员和动物局部消毒。

（5）来苏儿　5%浓度的溶液消毒圈舍、用具、排泄物。

（6）新洁尔灭　毒性低，无刺激腐蚀性，消毒效果良好，常用0.1%浓度用于皮肤和黏膜消毒。

（7）戊二醛　是快速、高效、广谱消毒剂，常用2%浓度的溶液消毒，对病毒和分枝杆菌作用强。

 102. 肉羊养殖场须配备哪些常用药品？

（1）驱虫药物　左旋咪唑、敌百虫、阿维菌素、伊维菌素等，阿福丁（虫克星）为驱虫首选药。

（2）抗应激药物　电解多维、黄芪多糖、活力素等。

（3）常见病备用药　维生素B_1、青霉素、氨苄青霉素、卡那霉素、庆大霉素、柴胡、安乃近、云南白药粉等。

103. 羊常用疫苗的种类有哪些？如何应用？

羊常用疫苗主要有以下四类：

（1）三联四防灭活疫苗　对于羔羊痢疾、羊快疫等疾病的防治，使用三联四防灭活苗能够起到良好的效果。在实际的免疫接种中，应采取肌内注射或者皮下注射的方法，免疫剂量控制在1毫升。完成接种后14天，羊群逐渐产生抗体，免疫力提升，发病率降低。

（2）口蹄疫牛羊二价疫苗　对于羊口蹄疫的防治，使用口蹄疫牛羊二价苗能够起到良好的效果。在免疫接种中，应采取肌内注射的方法，免疫剂量控制在2毫升，对于亚洲Ⅰ型口蹄疫和羊O型口蹄疫的防治效果良好。针对羔羊，应将接种剂量降低至1毫升。接种后15天即可产生抗体，免疫有效期为4个月。针对病羊及妊娠母羊，应慎用。

（3）羊痘冻干疫苗　羊痘属于养殖场常见病，传染性较强，该病的防治主要使用羊痘冻干疫苗。选择尾根部或大腿根部皮内注射，剂量控制在1毫升，选用7号针头接种即可。

（4）羊小反刍兽疫疫苗　小反刍兽疫疫苗不仅可以预防羊小反刍兽疫，同时对于羊支气管肺炎、出血性肠炎、羊快疫、羊猝狙等疾病也能够起到良好的预防效果。在接种中，需要使用生理盐水进行稀释，然后采取颈部皮下注射的方法，剂量控制在1毫升。妊娠母羊应慎用，避免出现流产。

104. 如何正确管理肉羊养殖场的药物和疫苗？

加强肉羊养殖场药物和疫苗的科学管理，可以保证兽药、疫苗的质量和效力。

（1）在采购方面　药物和疫苗的采购要严格遵守国家相关法律法规，应当依照国家兽药管理规定、兽药标准和相关合同约定，对每批兽药的包装、标签、说明书、质量合格证等内容进行检查，符合要求的方可采购。

（2）在药物和疫苗的保管方面　药物和疫苗要进行妥善保管，要按照批次类别依次归类摆放。要严格按照药品的说明进行储存和操作，药房温度应控制在18～25℃，要有专用的冰箱存放疫苗，并做好药房的防潮、防虫、防鼠、防霉工作，保持药房整洁卫生。

（3）在药物和疫苗的使用方面　药物和疫苗要有专人负责管理。一般由技术员开具处方，饲养员领取药品，每次领取都要填写记录。

 105. 滥用抗生素的危害有哪些？

（1）长期使用抗生素会使羊的机体处于一种"依赖"抗生素的状态，从而不能主动调动免疫系统与病原微生物做斗争。久而久之，免疫系统就会因得不到"刺激"和"锻炼"而丧失免疫功能。

（2）有些抗生素如四环素、红霉素、灰黄霉素等，对肝脏有一定的毒性作用。肝脏一旦受损，制造免疫球蛋白的功能就会下降，从而间接地削弱机体免疫功能。

（3）滥用抗生素会使机体内一些正常而有益的细菌（如肠道双歧杆菌）减少，导致局部保护作用减弱或消失，诱发疾病。还有些抗生素如链霉素、红霉素、多黏菌素B等都能抑制免疫功能，降低机体抵抗力。

 106. 饲养人员必须了解的肉羊关键体征指标有哪些？

（1）行为姿势　健康羊通常表现活动正常，如步行活泼而稳定、对轻微的刺激有警觉性等。而患病羊则表现为离群呆立或掉队缓行，跛行或做圆圈运动，四肢僵直或行动不灵活。

（2）食欲膘情　食欲正常的羊有趋槽、摇尾、采食津津有味等行为，反刍正常；而病羊表现有采食量或多或少，喜舔泥土或吃草根，反刍减少或无力甚至停止等。

（3）外貌　健康羊被毛平整、不易脱落、富有光泽和油性，皮肤柔软并有弹性，眼睛明亮，眼角干净，眼结膜呈粉红色；病羊则被毛粗乱蓬松、无光泽、易脱落，皮肤可能有水肿或肿胀，眼流泪或畏光，眼角有眼屎，眼结膜多呈苍白色（贫血症）或黄色（黄疸病）或蓝色（多为肺、心脏患病）等。

（4）粪尿　正常时，羊粪呈小球形，硬而不干，没有难闻气味，不含大量未消化的饲料；羊尿应澄清，不带有血、黏液或浓汁等；羊排粪、排尿都不费力。但在患病时，羊粪可能有特殊臭味（见于各型肠炎）、过于干燥（缺水和肠弛缓）或稀薄（肠机能亢进），或带有大量黏液（肠卡他性炎症）、混有完整谷粒（消化不良）或纤维素膜（纤维素性肠炎），或表现黑褐色（前部肠管出血）、鲜红色（后部出血）等病理变化。

（5）呼吸　正常时，绵羊每分钟呼吸12～18次，其中羔羊和成年羊分别为12～15次/分和15～18次/分，山羊每分钟呼吸12～20次；但病羊呼吸次数或增多（见于热性病、心脏衰弱及贫血等病），或减少（见于某些中毒、代谢障碍等病）。应注意，在正常的运动、刺激、天气热或通风不良等情况下，羊也会表现呼吸次数增加。

107. 必须了解的羊场环境和热调节知识有哪些？

肉羊养殖首先应对羊场的整体布局进行科学规划设计，做到功能分区明确，生产操作方便，并保持场区内外环境清洁。羊舍内产生的有害气体（主要有二氧化碳、氨和硫化氢等）对羊的健康造成不良影响，可通过在羊舍安装清粪装置、疏通排水系统、完善通风设施、使用吸附剂以及调整饲料配方等措施来减少废气污染。在饲养管理上应把防暑降温放在首要位置，夏季选用密闭控温的羊舍，并在舍内装置空调，合理调控温度，改善生活环境，可以提高羔羊生长速度和育肥效果。圈舍内的潮湿和环境不良易引发动物的寄生虫病，因此要特别重视羊舍环境，及时通风以保证羊舍的干燥卫生。定期进行疫苗的预防注射，注射时要规范严谨，逐只清点，做好查漏补注工作。放牧时要随时注意羊的精神状态、食欲和粪便情况，尤其注意羔羊的疾病防治。

108. 羊常见疾病的发生有什么特点？如何预防？

羊常见疾病发生的特点如下：

（1）病程短急　患羊快疫、羊猝狙、羊肠毒血症等病的急性个体，往往来不及表现临床症状就会突然死亡。羊钩端螺旋体病、羔羊白肌病的病程也很急，多数发病羊会在1周内死亡。

（2）发病率高　夏季时，羊传染性角膜炎、羊口疮的发病率在圈养羊群中高达90％。冬季时，羊患感冒的发生率可达40％～50％。羊的感冒常发、多发，这一特点和其他动物相比是非常典型的。绵羊支气管肺炎、山羊传染性胸膜肺炎、绵羊痘病等在饲养管理不当或卫生保健措施较差的羊场会呈明显的群发性和流行性。

（3）死亡率高　羊快疫、羊猝狙、羊肠毒血症、羊钩端螺旋体病等急性病例往往来不及治疗就发生死亡；病程较缓者治愈率也只有40％～50％。羊蓝舌病、羊传染性子宫坏死的治愈率更低。羊在发病初期没有明显的症状，只有在病情严重时才有明显表现，这时羊已处于病程后期，治疗效果不太理想。羊的疾病发生有一定的季节性，多数病发生在季节交替时期，特别是冬春季节交替。疾病发生与饲养管理有直接的关系，在管理粗放、环境变化较大和羊受到应激时，往往诱发疾病和降低羊的抗病力。

预防措施如下：

每年在春季注射预防传染病的疫苗，春、秋两季做好驱虫工作，就可以防止羊传染病和寄生虫病的发生。具体做法如下：①加强饲养管理。合理搭配日粮，保证供给羊充足的营养物质；定时定量喂料，防止营养物质过量或缺乏；提供卫生草料，严禁饲喂有毒、霉变以及污染的饲料，及时给足清洁的饮水。②保持环境卫生。为防止细菌、病毒的滋生和传播，羊舍、活动场地和用具等要保持清洁、干燥。③做好免疫注射。根据本地的发病情况及周边地区疫情，合理安排免疫种类和免疫注射的次数和时间。④定期及时驱虫。

109. 怎样识别病羊？

（1）外表观察

①眼部神态　健康羊眼珠灵活、明亮有神、洁净湿润；病羊眼睛无神、两眼下垂、反应迟缓。

②耳部动作　健康羊双耳常竖立而灵活；病羊头低耳垂，耳不摇动。

③毛色变化　健康羊被毛整洁、有光泽、富有弹性；病羊被毛蓬乱而无光泽。

（2）行为观察

①反刍状况　无病的羊每次采食30分钟后开始反刍30～40分钟，一昼夜反刍6～8次；病羊反刍减少或停止。

②行为动态　无病的羊不论采食或休息，常聚集在一起，休息时多呈半侧卧姿势，人一接近即起立；病羊食欲、反刍减少，放牧常常掉群卧地，出现各种异常姿势。

（3）排泄物观察　无病的羊羊粪呈小球状而比较干硬，补喂精饲料的良种羊羊粪呈较软的团块状，无异味，小便清亮无色或微带黄色，并有规律；病羊大小便无度，大便或稀或硬，甚至停止，小便黄或带血。

110. 肉羊常见的传染病、寄生虫病和代谢病有哪些？

（1）常见传染病　包括口蹄疫、羊快疫、羊肠毒血症、羊猝狙、羊痘、羊传染性脓疱病、羊布鲁氏菌病、羊腹泻、羊地方性流产、羔羊肺炎、炭疽、羊黑疫、羔羊痢疾、羔羊大肠杆菌病、羊传染性胸膜肺炎、羊溶血性链球菌病、羊传染性结膜角膜炎、腐蹄病、假结核病、蓝舌病、山羊脑炎及关节炎等（图6-3）。

图6-3　炭疽——死亡羊的临床表现

（2）常见寄生虫病　包括羊肝片吸虫病、羊脑包虫病、羊消化道线虫病、羊疥癣病、羊鼻蝇蛆病、羊肺线虫病、羊血吸虫病、羊绦虫病、羊梨形虫病、羊螨虫病、羊球虫病等。

（3）常见代谢病　包括羔羊白肌病、羊酮尿病、羊尿结石症、羊佝偻病、绵羊食毛症、羊维生素A缺乏症、羊异食癖等。

111. 羊传染病防控的具体任务和措施有哪些？

防控羊传染病的具体任务包括消灭传染源，切断传播途径，提高羊体的免疫力。传染病一旦发生，应及时就地扑灭。

传染性疾病发生的关键环节分别是传染源、传播途径和易感动物，针对各个环节采取相应的措施就能控制传染病的发生。

（1）及时诊断和报告　当羊群发生疑似传染病时，应及时诊断，并向上级有关部门报告疫情，及时通知邻近单位，做好防控工作。

（2）紧急预防接种　为了迅速控制和扑灭疫病，对疫区和受威胁区内尚未发病的羊，进行紧急免疫接种。但紧急接种对处于潜伏期的患羊无保护作用，反而促使其更快、更集中地发病。由于这些急性传染病潜伏期较短，而接种疫苗后羊又能很快产生抵抗力，因此流行很快就可能停息。

（3）隔离封锁　迅速隔离病羊和可疑病羊，并对疫区采取划区封锁措施，以防止疫病向安全区域扩散，防止健康羊误入疫区而被感染。

（4）有效治疗　对有治疗价值的传染病患羊，立即进行治疗，减少损失，同时也可达到消灭传染源的目的。为了防止病羊传播病原，对病羊的治疗应在严格隔离和封锁的条件下进行。无法治疗、无治疗价值的病羊，或对周围的人、畜有严重威胁时，应及早宰杀淘汰。尤其是当发生过去从未发生过的危害性较大的新病时，应在严密消毒的情况下将病羊淘汰处理。

（5）病死羊处理　妥善处理病死羊，包括深埋、焚烧等无害化处理。

 112. 何为人兽共患病？其预防措施有哪些？

人兽共患病是由同一种病原体引起、流行病学上相互关联、在人类和脊椎动物动物之间自然传播的疾病。其病原包括病毒、细菌、支原体、螺旋体、立克次氏体、衣原体、真菌、寄生虫等。人兽共患病可以通过接触传染，也可以通过饮食或其他方式传染。带病的畜禽、皮毛、血液、粪便、骨骼、肉尸、污水等，往往都会带有各种病菌、病毒和寄生虫虫卵等，处理不好就会传染给人。肉羊发生的人兽共患病包括口蹄疫、炭疽、布鲁氏菌病等。

消灭人兽共患病病原的主要措施如下。

（1）做好环境卫生，根除动物传染源　首先要坚持科学的饲养和卫生防疫制度，采取免疫和净化等措施消灭动物传染源，预防动物疫病的发生。

（2）严格动物检疫，切断传播途径　许多人兽共患病疫情的暴发，都是由患病动物或产品的流动引起。因此，要加强检疫工作，加强病害动物及其产品的无害化处理，控制疫病的传播。

（3）加强环境管理，提高公共卫生水平　主要是整治好环境，消除有利于老鼠、臭虫、苍蝇和蚊子等滋生的环境条件。

（4）注意个人卫生，提高防护能力　个人应该养成良好的卫生习惯，避免接触地表水，防止蚊蝇叮咬，保证饮水清洁和食品卫生，提高抗病力。对患者应及时进行隔离和治疗。

人兽共患病的预防应做好检测；病畜做无害化处理；及时治疗；严格消毒；人、畜免疫接种。

 113. 何为布病？如何防控？

布病一般指布鲁氏菌病，也叫布氏杆菌病。布鲁氏菌病是由布鲁氏菌引起的人兽共患的一种慢性传染病，主要侵害生殖系统。羊感染后，母羊会发生流产，公羊会发生睾丸炎。该病分布很广，不仅感染各种家畜，而且易传染给人。布鲁氏菌是革兰氏阴性需氧杆菌，在皮肤里能生存45～60天，土壤中存活40天，乳中存活数周；对热抵抗力弱，一般消毒药能很快将其杀死。

防控措施：羊布鲁氏菌病的防控坚持"预防为主"的原则。建立家畜定期监测、分区免疫、强制扑杀政策，强化动物卫生监督和无害化处理措施。全面实施"宣、免、检、杀、消"的综合防控，控制疫情发展。

（1）强化宣传教育　加强布鲁氏菌病的防控知识宣传和普及。对羊场技术人员和高危人群进行布鲁氏菌病的防控知识宣传和培训，使人们真正了解布鲁氏菌病给人类带来的危害，提高自我防范意识，切断传播途径。

（2）强化免疫预防　布鲁氏菌病是胞内寄生菌，对抗生素具有免疫能力，只有机体的细胞免疫功能才能抑制该病菌，故有效的措施是做好免疫接种。目前布鲁氏菌病的疫苗主要有牛19号弱毒菌苗、猪S2弱毒菌苗、羊M5弱毒菌苗。

（3）强化检疫监管　建立健全检疫制度，执行"防检结合、以检促防"的原则。全面对动物实施产地检疫，加强对养殖场、交易市场、屠宰场、冷库等实施检疫监督。应严格控制病畜的流动，尽量减少病畜的数量，避免患病羊和未患病羊混养。

（4）强化扑杀净化　一旦检出阳性病羊要严格扑杀，及时淘汰阳性羊，进行无害化处理，有效消灭传染源，形成净化循环。

（5）强化消毒灭源　定期对病畜污染的圈舍、运动场、饲槽、用具、垫料、饲料等用10%～20%石灰乳、3%来苏儿溶液、3%漂白粉等进行消毒。对病死动物尸体、流产胎儿、胎衣要焚烧深埋，粪便采用发酵处理。疫区动物等畜产品及饲草饲料等进行消毒。同时做好饲养人员的消毒卫生工作，接产人员一定要穿戴防护服、手套等防护设备，严禁无关车辆和人员进入场区。

 114. 如何防治羊常见寄生虫病？

预防羊寄生虫病，应根据寄生虫病地流行特点，在发病季节到来之前，用药物给羊群进行预防性驱虫。预防性驱虫通常在每年4—5月及10—11月各1次，或根据地区特点调整驱虫时间。羊的体外寄生虫主要有疥癣、虱、蝇，体内寄生虫主要有线虫、绦虫等。

防治寄生虫病的基本原则：消灭外界环境中的寄生虫病原，防止感染羊群；消灭传播者蜱和其他中间宿主，切断寄生虫传播途径；对病羊及时治疗，消灭体内外病原，做好隔离工作，防止感染健康羊；对健康羊进行化学驱虫等药物预防。

（1）肝片吸虫病　预防应不到水草地带放羊，不在椎实螺滋生地带割草；每年春、秋季进行2次驱虫。治疗用丙硫咪唑按

5～15毫克/千克（按体重计）灌服；或皮下注射20%碘硝酸，按0.5毫升/千克（按体重计）注射；也可用四氯化碳、硝氯酚等。

（2）羊胃肠道线虫病　预防应定期驱虫。治疗用丙硫咪唑，按5～20毫克/千克（按体重计）灌服；左旋咪唑，按5～10毫克/千克（按体重计）混饲或皮下、肌内注射；也可用伊维菌素、清虫佳、长效金伊维、碘硝酚等。

（3）螨病　预防应定期药浴（适用于患畜量多时）。每年的5—7月剪毛后、气温高时，对羊群适时药浴，可取得满意效果。治疗可选用伊维菌素、碘硝酚等药物注射；或用除癞灵和螨净，按说明涂擦患部。

（4）羊鼻蝇蛆病　应用伊维菌素或碘硝酚注射均有良好的效果。

115. 使用驱虫药的注意事项有哪些？

（1）驱虫的羊必须是健康的。

（2）严格按厂家推荐的剂量使用，不可随意加大给药量。羔羊在春、夏、秋三季随群放牧或补饲，易受寄生虫侵害。春、秋两季要进行保护性驱虫。

（3）妊娠母羊可安排在产前1个月、产后1个月各驱虫1次，不仅能驱除母羊体内外寄生虫，而且有利于哺乳，并减少寄生虫对羔羊的感染。剂量按正常剂量的2/3给药。

（4）驱虫时先做小群试验，在精饲料中添加驱虫药，7～10只羊为1组，无不良反应后方可进行大群驱虫。

（5）驱虫时先大羊后小羊，做好解毒准备。驱虫后，要密切观察羊的活动及生理状态，看是否有毒性反应，尤其是大规模驱虫及药浴时，要特别注意。出现毒性反应时，要及时采取有效措施消除毒性反应。

（6）要因虫选药，羊寄生虫种类多，有时会合并感染。用药前，要根据粪便检查和各种症状表现，再根据寄生虫种类选择恰当的驱虫药物。

（7）圆线虫主要有蛔虫、结节虫、钩虫、鞭虫等，寄生于羊的消化道内，驱虫可选用1%的精制敌百虫溶液，按羊体重0.06克/千克，每天服1次，连服3天；驱除肝片吸虫，可选用硝氨酚，按体重3毫克/千克的剂量一次灌服，每天1次，连服3天。

116. 如何防治羊常见的营养性代谢病？

羊常见的营养性代谢病有羔羊白肌病、羊酮尿病、羊佝偻病、绵羊脱毛症、羊维生素 A 缺乏症、羊异食癖等。这些病大多数是由于饲料营养不平衡造成，必须在病原学诊断的基础上，改善饲养管理，给予全价日粮，并且有针对性地放置盐砖，任羊自由采食。

〔1〕羔羊白肌病　应用硒制剂，如0.2%亚硒酸钠溶液2毫升，每月肌内注射1次，连用2次。与此同时，应用氯化钴3毫克、硫酸铜8毫克、氯化锰4毫克、碘盐3克，加水适量内服。如辅以维生素E注射液300毫克肌内注射，则效果更佳。

〔2〕羊酮尿病　应加强饲养管理，冬季设置防寒棚舍，春季补饲干草，适当补饲精饲料（豆类）、骨粉、食盐等；冬季补饲甜菜根、胡萝卜。药物治疗可用25%葡萄糖注射液50～100毫升，静脉注射，以防肝脂肪变性。调理体内氧化还原过程，可每日饲喂醋酸钠15克，连用5天。

〔3〕绵羊脱毛症　应增加维生素和微量元素；加强饲养管理，改换放牧地；饲料中补加0.02%碳酸锌，每周口服硫酸铜1.5克；补饲精饲料。在病程中，应注意清理胃肠，维持心脏机能，防止病情恶化。

〔4〕尿结石　应注意对病羊尿道、膀胱、肾脏炎症的治疗。控制谷物、甜菜块根的饲喂量与次数，饮水要清洁。药物治疗一般无效。种羊患尿道结石时可施行尿道切开术，摘出结石。由于肾盂和膀胱结石可因小块结石随尿液落入尿道而形成尿道阻塞，因此在施行肾盂及膀胱结石摘除术时，预后要慎重。

117. 肉羊常见中毒病的救治措施有哪些?

（1）中毒的急救

①毒物清除法　温水1 000毫升加活性炭50 ~ 100克或0.1%高锰酸钾液1 000 ~ 2 000毫升，反复洗胃，并灌服人工盐泻剂或硫酸钠25 ~ 50克，促使未吸收的毒物从胃肠道排出。灌服牛奶和生鸡蛋500克也有解毒作用。

②全身疗法　静脉注射10%葡萄糖或生理盐水或复方氯化钠溶液500 ~ 1 000毫升，均有稀释毒物、促进毒物排出的作用。

③对症疗法　根据病情选用药物。心脏衰竭时，可肌内注射0.1%盐酸肾上腺素2 ~ 3毫升或10%安钠咖5 ~ 10毫升；兴奋不安时，口服乌洛托品5克；肺水肿时，可静脉注射10%氯化钙注射液500毫升。查明中毒原因后，采用针对性治疗药物治疗。

（2）过量谷物饲料中毒的治疗　可用碳酸氢钠20 ~ 30克、鱼石脂酒精10毫升内服，每天2 ~ 3次。

（3）尿素中毒的治疗　表现为精神不安，肌肉震颤，步态不稳，瘤胃膨胀，卧地呻吟。一旦发现羊尿素中毒，要先给其灌服食醋200 ~ 300毫升，再内服硫酸钠或硫酸镁或植物油等泻剂，胀气严重时可实施瘤胃穿刺术。如果无效，应增加食醋用量，使瘤胃胀气现象逐渐消失。

（4）食盐中毒的治疗　病羊症状为口渴，急性中毒羊口腔流出大量泡沫，精神不安，磨牙，肌肉震颤。应及时给予大量饮水，并内服油类泻剂，静脉注射10%的氯化钙或10%的葡萄糖酸钙溶液。也可皮下或肌内注射维生素B_1，并进行补液。

（5）青贮饲料中毒的治疗　羊采食发酵过度酸性青贮饲料时，易发生中毒。首先应停止饲喂青贮饲料。严重的病例，可口服碳酸钠5 ~ 10克，人工盐5 ~ 10克，每天服2次。

什么是"羊三病"？如何防治？

羊三病是由梭状芽孢杆菌属中的微生物所致的疾病，包括羊快疫、羊肠毒血症和羊猝狙。

（1）预防措施

①加强饲养管理，增强个体的抗病能力。不喂发霉变质饲料，不喂污水和冰冻水，使羊膘肥体壮，提高个体的抗病能力。

②做好环境卫生，做好圈舍的清毒工作。圈养羊应保持圈舍、场地和用具的卫生。经常清扫圈舍，对粪便、尿等污物集中堆积发酵30天左右。同时，定期用消毒药（如百毒杀等高效低毒药物）对圈舍场地进行消毒，防止疾病的传播。

③有计划地做好免疫接种工作。对常发区的羊定期注射羊三联苗，每只羊不论年龄大小均皮下注射5毫升，注射后14天羊产生可靠的免疫力。

（2）治疗方法　由于病程短促往往来不及治疗。病程稍长者，可选用青霉素肌内注射，1次80万～160万单位，每天2次；或内服磺胺啶唑，每次5～6克，连服3～4次；或将10%安钠咖10毫升加于500～1 000毫升5%葡萄糖溶液中，静脉滴注；也可内服10%～20%石灰乳，一次50～100毫升，连服1～2次。

新生羔羊常见疾病及其防控技术有哪些？

新生羔羊（图6-4）常见的疾病和防控技术主要有：

（1）感冒　母羊分娩时，断脐带后没有擦干羔羊身上的黏液和羊水以及没有采取相应的保暖措施，使得羔羊受凉，导致羔羊易患感冒。

防控措施：母羊分娩时，断脐带后擦干羔羊身上的黏液和羊水，用干净的麻袋片等物将羔羊包好，把羔羊放在保温的羊舍内，并垫较多的柔软干草，以免羔羊受凉。在气温寒冷的情况下，出

图6-4　新生羔羊

生10天内的羔羊不应到舍外活动，以防感冒。

羔羊患有感冒时，要加强护理，喂给易消化的新鲜青嫩草料，饮清洁的温水，防止再受寒。治疗可肌内注射百乃定或氨基比林等，剂量为每只每次1～2毫升，预防继发感染可用抗生素或碘胺类药物。

（2）口腔炎　口腔炎是指羔羊的口腔黏膜表层和深层组织出现炎症，出现食欲减退、口内流涎、不肯吸吮母乳的现象，导致最后营养不良，影响其生长发育。

防控措施：产羔母羊的乳房要保持清洁，尽量做到每天用温水洗刷，发现母羊患乳腺炎要及时治疗，对患口腔炎的羔羊可用0.1%高锰酸钾溶液洗涤口腔，每天1～2次，连用2～3天；另外可使用中药治疗，方法是将硼砂、冰片、青黛、枯矾各10克，皂角、黄连各5克，研成细末，轻轻涂抹在羔羊的口腔黏膜上，每天2次，连用2天。

（3）肺炎　是羔羊的一种急性烈性传染病。其特点是发病急、传染快，常造成大批死亡。

防控措施：加强羔羊的饲养管理，使其吃足母乳，保持产房清洁、温暖、勤换垫草，保持舍内空气良好，防止寒风侵袭。

（4）羔羊痢疾　羔羊梭菌性痢疾习惯上称为羔羊痢疾，俗名红肠子病，是新生羔羊的一种毒血症，其特征为持续性下痢和小肠发生溃疡，死亡率很高。由于小肠有急性发炎变化，有些放牧人员称之为红肠子病。本病一般发生于出生1～3天的羔羊，患病羔羊不吃奶、腹泻，粪便先是灰白色或淡黄色，后变成红色和褐色，并有恶臭气味，常在2～3天内死亡。

防控措施：①磺胺脒18克、鞣酸蛋白0.2克、碳酸氢钠0.2克，一次内服，每天服3次。②对于冬季患痢疾的羔羊，可用党参、炮干姜、炙甘草、白术各等量（羔羊20～80克）煎水降温后内服，每天2～3次，连续服2～3天。③杨树花500克，加水适量，煎汁浓缩至500毫升，每天服10～15毫升，一次服完，连服2～3次即愈。

120. 羔羊腹泻的病因、预防和治疗方法如何？

（1）羔羊腹泻的病因

①细菌感染　羔羊1～7日龄内，自身的免疫系统没有完全建立，缺乏对疾病的抵抗力，此阶段以排灰黄色粪便为主。8～14日龄因羔羊从母羊初乳中得到足够的母源抗体，正常饲养管理条件下腹泻发病数减少。

②母源抗体减少　15～36日龄的羔羊因从母乳中获取的母源抗体显著下降，而此时羔羊自身抗病免疫机制还没有完全发育健全，容易引发腹泻，此时以排白色、恶臭粪便为主，羔羊消瘦、严重脱水。

③饲养管理不当　羔羊腹泻一般是由于羔羊在出生后吃了被污染的食物或母羊乳头不清洁而导致感染，这种污染可能来自母羊或圈舍清除不彻底的积粪和污水。

④病毒和寄生虫感染　病毒感染性腹泻以冬末春初季节容易发生，粪便以黄色或白色为主，有未消化的乳块；寄生虫感染性腹泻是由于羔羊感染孢子虫后，孢子虫卵囊在胃肠道消化液作用下释放出的孢子侵入肠壁而引起，粪便呈白色、恶臭，严重者有血丝（图6-5）。

图6-5 羔羊腹泻

（2）羔羊腹泻的预防

①圈舍消毒 母羊产前1周对分娩圈舍进行彻底消毒。可用20%的生石灰水、含氯制剂、来苏水等替换消毒，使圈舍内保持干净、清洁、卫生。产羔后每周对圈舍消毒1次。

②助产消毒 如产羔时需要助产，则助产人员要严格消毒；对母羊外阴部、产道用0.1%高锰酸钾溶液或75%的酒精严格消毒；羔羊断脐时用5%碘酒消毒断面。

③加强初生羔羊管理 要尽早辅助羔羊吸吮初乳，防止吮食污水，每次喂乳前应洗净母羊乳头，1～10天内做好防寒保暖工作。

④加强母羊的饲养管理 加强妊娠母羊产前、产后的饲养管理。母羊产前7天增加高能量饲料和蛋白质饲料，增强其抗病能力及保证产后乳汁质量，产前1～2天保持乳头清洁卫生。

⑤药物预防 在产羔前后3～7天给母羊添加抗菌药物，如白头翁散，每天添加1次，每次10～15克。

（3）羔羊腹泻的治疗方法

①初生羔羊按时吃初乳。羔羊开始吃饲料后要定时定量，不要过饱或过饥，不要突然改变饲料，以防胃肠不适而引起腹泻。不饲喂霉变饲草、饲料，给予清洁卫生的饮水，适当运动，以增强羔羊的抗病能力。

②当羔羊患腹泻时，要对症下药。消化不良性腹泻：用乳酸菌素片每天200毫克，多酶片150毫克分2次内服，连用3天。细

菌性腹泻：大蒜汁50克，每天1次，连用3天。如腹泻时间过长，引起脱水时给予10%氯化钠、维生素C、维生素B₁静脉滴注，连用2～3天。

121. 羔羊的保健措施有哪些？

羔羊1～45日龄保健措施如下。

（1）第一阶段：1～15日龄

第1天：产后脐带断端用碘酊喷淋，2次/天。及时补注破伤风疫苗，诱导羔羊吃上初乳，并吃足，随时观察羔羊体况。产房内要始终保持温度6～10℃，湿度50%～65%。每5天消毒1次，交替使用不同消毒液。对弱羔的护理首先应保温，同时每3小时胃管投服初乳20毫升1次，必要时静脉注射能量合剂1次。待羔羊有能力自己吸乳时放回母羊身边，在无必要时不可让羔羊离开母羊太长时间，以防母羊弃羔。

第2天：及时肌内注射铁硒合剂1毫升，观察哺乳情况及羔羊的脐带恢复情况，慎防脐炎，对缺乳羔羊进行专人护理或人工哺乳，做好标记，与母本对应，24小时哺乳6次，每次哺乳量要以羔羊体型大小而定。第3天应继续上述工作，随时关注母子亲情关系，并打耳号。

第7天：肌内注射肺炎疫苗。7日龄后进行专栏育羔，诱导羔羊开食及添加洁净饮水。注意羔羊舍卫生，哺乳次数减少到4次/天。

（2）第二阶段：15～45日龄

第一步：15～25日龄，能够让羔羊自由采食草料，采食量不限，饮水适温、洁净，对不认草料的羔羊要强制补料3～5天，注重体况和母羊的产奶量，并及时调整。哺乳次数后期减为4次。在羔羊21日龄时强化注射肺炎疫苗1次，25日龄驱虫1次。

第二步：26～35日龄，保证羔羊能够较好地采食草料，日均采食量达到100克左右，同时做好"四定"调教。逐步延长舍外运动时间。羔羊35日龄时，注射三联四防疫苗。

第三步：36～45日龄，以150～200克饲料为基础，每10天调整1次精饲料配给，利用动态平衡法给予调整，做好进料记录，核定采食量——单头平均数。羔羊45日龄强化注射三联四防疫苗1次。

122. 如何防止断奶羔羊猝死？

（1）保证羔羊出生后及时吃足初乳。初乳能够提高羔羊自身的免疫力，降低羔羊发病率。

（2）在羔羊出生后7天左右补饲开食料，进行开食训练，因为开食料可以促进羔羊肠胃发育，使羔羊尽快适应断奶过程。

（3）加强疾病防控，做好传染病、寄生虫病和一般疾病的控制。同时适时进行相关疫苗免疫。

（4）科学、合理地饲喂精饲料，并控制好微量元素和矿物质元素的含量。微量元素的缺乏不仅会影响羔羊的正常生长，还会降低羔羊的免疫能力。严重的会引起断奶羊羔的猝死。

（5）加强羔羊的科学护理，做好断奶羔羊的过渡期管理。

（6）尽可能减轻羔羊的断奶应激。蛋白水平越高，羔羊断奶应激越小，免疫力越高，采食量和生长性能越高，腹泻率越低；使用复方中草药添加剂对羔羊冬季断奶引发的应激有显著的防治效果，可以较好地降低因断奶应激引发的羔羊发病率和死亡率；给母羊饲喂高浓度的蛋白质和能量饲料可促进羔羊生长和减缓断奶应激。此外，断奶羔羊应充分休息，保证羔羊有充足清洁的饮水，保证羔羊舍清洁。

123. 如何给肉羊药浴？

（1）羊群准备　在进行肉羊羊群药浴时，首先对羊群进行检查分类，将重胎、已患寄生虫的、体质弱的及健康的羊用油漆或者彩笔做记号，并用活动栅栏进行分类隔离。

（2）药液稀释　在进行药液稀释时，一要依照所选药物使用说明进行药液稀释，为了提高药浴效果，药液浓度可以适当偏高；二要注意药液稀释量，在稀释药液时，要根据药浴池深度确定药液稀释量。

（3）羊群药浴　进行羊群药浴时，要依序对各类羊进行药浴，即按健康羊—妊娠母羊—弱体质羊—患寄生虫病羊的顺序先后进行药浴，对不宜进行药浴的多胎母羊暂不进行药浴（图6-6）。羊群药浴的操作方法是依序按照分类将羊群赶入池内，首先将羊头按压入池内药液数次，用手扒抓羊的全身被毛，对已经患有体外寄生虫病的羊用刷子对患部进行反复刮刷，以刷除痂皮；每只羊在药浴池中浸泡3～5分钟后，将羊放入药浴滴流台，待羊身上没有药液滴下时，将其赶入运动场，等到羊群全身被毛稍干时，再进行放牧。

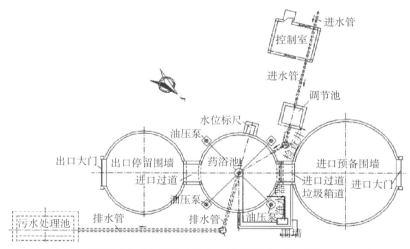

图6-6　药浴池平面示意图（引自哈那提别克·拖列吾克，2014）

124. 肉羊的动物福利有哪些？

（1）适宜的饲养环境　合理的饲养密度：种公羊≥1.5 米²/只，

妊娠母羊≥1.2米²/只，产羔母羊≥2.0米²/只，空怀母羊≥0.8米²/只，育肥羊≥0.7米²/只。适宜的饲养密度对肉羊的生产性能及肉品质有重要影响。适宜的温度、湿度：在肉羊福利化养殖中，成年羊的适宜温度为5～25℃，羔羊为10～25℃，羊舍温度冬季不得低于−5℃，夏季不得高于35℃；肉羊福利养殖要求达到30%～60%的湿度标准。养殖场在冬季可通过更换干草垫料来改善湿冷状况；在夏季，喷雾、通风或加盖遮阳棚，均为避免高温、高湿的手段。

（2）规范的日常饲养管理　主要体现在优质的饲料和充足的饮水方面。在冬季饲养过程中，除需供给优质精饲料外，还要保证饲料中粗饲料含量不得低于体重的2.5%。在夏季，羊群应能够自由饮水；福利化养殖要求羊冬季饮水水温不得低于10℃。

（3）科学的运输管理　包括高效的运输方式和先进的驱赶、装卸工具。

 125. 如何给羊修蹄？

羊蹄健康十分重要，每年春季至少要修蹄1次，以后根据情况随时修整。公羊修蹄尤为重要，否则因蹄病会减少运动，导致精液量减少，精子活力降低，配种能力下降。修蹄之前，可先使羊蹄变软再进行修剪，这样比较容易操作。修蹄时使用羊用修蹄剪，顺着羊蹄的方向将较长的蹄角质剪掉，然后再将蹄修平修齐。蹄形不正时，必须每隔十几天修剪1次，连修2～3次才能修好。

 126. 如何做好母羊产前保健、产后护理？

（1）产前保健　在母羊生产前1个月一定要精心管理。此阶段饲喂一些优质且柔软的饲料，在分娩前10天，要根据母羊的健康状态、精神状态和妊娠反应逐步减少饲喂量。产前要保持羊圈卫生，保证产房清洁、干燥。在母羊生产前的2～3天，母羊的乳房一般会出现膨胀，喂食量一般要减少1/3～2/3。

（2）产后护理

①补充水分　母羊分娩后因血压突然降低而大量失水，可供给母羊温热的麸皮盐水汤，使体内水分代谢得以迅速恢复正常。

②饲喂优质牧草　最好是饲喂多汁青草、青贮草或苜蓿草，增加全价饲料，使母羊尽快恢复体能，保证奶水充足，母壮羔肥。

③防恶露　一般产后母羊阴道排泄物开始由红褐色变为淡黄色，最后为无色透明直至停止产生排泄物。但也有母羊因疾病或营养不良造成恶露滞留等异常情况，可用清宫药物及时进行治疗。

127. 如何减少新产羔羊的死亡，提高产羔成活率？

（1）改善妊娠母羊的饲养管理　在母羊妊娠期间合理喂养，尽量提供易于消化的饲料，特别是青绿多汁的饲料，保证母羊分娩后的乳汁产量及质量，为初生羔羊提供充足的营养。

（2）做好母羊乳房护理　要防止乳房磕碰并保持乳房干燥和清洁，防止乳腺炎的发生。

（3）注意初生羔羊的接产　保证产羔室环境清洁、干燥，光线明亮且温度适宜，避免羔羊出生后因身体潮湿而导致受凉。对于初生羔羊，应尽早辅助其采食初乳，提高羔羊免疫力。

（4）改善羔羊饲养管理　初生羔羊对疾病的抵抗力较弱，体温调节能力相对较差，因此要保证羊舍的干燥、清洁，注意羊舍通风，保证羊舍内空气清新，为羔羊提供适宜的生长环境。

（5）控制好环境条件　根据羊群的生长习性，调整羊圈的建造情况，适当改善羊的饲养环境，对羊进行保护性饲养，有利于肉羊生长，提高羊肉品质。

（6）注意羔羊的免疫防治　初生羔羊的免疫功能主要是通过母羊初乳获得被动免疫，这种免疫方式有一定的时间限制，因此需要对羔羊进行疫苗免疫，以保障羔羊的免疫能力。

128. 如何防治母羊的产前瘫痪和产后瘫痪？

（1）产前瘫痪　母羊分娩前1个月是胎儿生长最快的时期，胎儿对各种养分特别是骨骼生长发育所需的钙量急剧增加，其来源主要依靠母体血液供应，因此导致母体血钙浓度的下降。当母羊多胎或妊娠期营养不良，特别是钙、磷不平衡或缺乏时，肢体缺钙会随着子宫负重的增加导致母羊在分娩前不能站立，出现产前瘫痪症状。常发于冬春季节，主要发生在初产、多胎以及体弱衰老的母羊中。病羊一般在分娩前1个月逐渐出现后肢颤抖和运动障碍（图6-7）。产前瘫痪常常是因为缺钙引起，静脉注射10%葡萄糖酸钙50毫升，隔天1次，有良好效果；也可静脉注射10%氯化钙30毫升，疗效显著。

图6-7　产前瘫痪病羊卧地不起（引自龚团莲，2017）

（2）产后瘫痪　是指母羊产后由于神经机能失调而引发的瘫痪，母羊产后突然发生咽部麻痹、肠道麻痹、知觉丧失及四肢瘫痪。对于发病羊，补钙常有显著效果。常用的补钙方法有静脉注射10%葡萄糖酸钙注射液50 ～ 100毫升，或者将5%氯化钙注射液60 ～ 80毫升、10%葡萄糖注射液120 ～ 140毫升和10%安钠咖注射液5毫升混合，将混合液一次静脉注射。

（3）预防措施

①加强饲养管理　可通过建设羊运动场或适当放牧的方法增加母羊的活动时长，以增强母羊的体质。

②平衡日粮营养　妊娠后期要增加钙、磷等矿物质饲料。特别是临产前0.5个月，应逐渐降低饲料营养浓度和供应量。

③做好环境控制　为羊创造好的生活环境，羊舍需要充足的采光。保持舍内空气新鲜，在日常环境控制中，应定期除粪和打扫排尿沟，对漏缝地板进行清扫和消毒。

七、市场营销篇

129. 肉羊市场如何实现进阶？

从产业源头形成包括品种繁育、育肥养殖、屠宰加工、冷链运输以及产品销售等全产业链条是实现肉羊市场进阶的有效方式。

传统意义上从活羊养殖到市场流通需要经历繁殖、育肥、屠宰、加工、销售等多个既相互联系又相对分离的环节，容易产生供应端和需求端的脱节，导致消费者无法详细了解羊肉产品的生产供给状况，只能通过价格对羊肉质量和市场情况进行评判，以次充好等现象不易发现。

解决上述问题的关键在于延长肉羊产业链的同时，完善质量控制和追溯体系，使供需双方实现信息对等，打破信息封闭，实现肉羊市场的合理进阶。这样做有两方面好处：一是可以提高生产者自有品牌的市场知名度和信赖度，节省上下游环节之间的交易费用，从而获得更多利润；二是消费者能够实现"来源可查询、去向可追踪、责任可追究"，吃上真正放心的羊肉。

130. 肉羊及羊肉产品的营销理念有哪些？

不同企业的营销理念可能存在个性化差异，但主要应包含以下共性部分。

（1）聚焦拳头产品　农牧企业存在一种普遍的现象，企业越小想法越多，大企业产品聚焦、小企业产品多元。肉羊产品的营销策略应遵循找准拳头产品，精准市场定位，合理取舍，科学决策，聚焦打造品牌影响力强、市场获利高的战略型产品。

（2）塑造品牌文化　农牧产品品牌包括区域公共品牌、品类品牌和企业产品品牌。有效发现和合理挖掘公共资源，大力培育和快速形成品牌文化是赢得市场的关键。

（3）升级产品包装　包装是传达产品信息的基本要素，必须符合产品的价值体现与市场定位，既注重质量、环保和方便，又要保持羊肉的原汁原味和地方传统特色。

（4）注重营销技巧　营销和宣传是传递品牌定位信息，增强消费者品牌认知度的有效方式。肉羊和羊肉产品营销要实现传统手段与网络营销的有机结合，借助新媒体、短视频等移动平台加大品牌广告投放和宣传力度，有针对性地向细分市场顾客群体精准投放广告，以美食品尝等方式让消费者直观感受产品特质，达到事半功倍的品牌传播效果。

131. 国内羊肉消费市场价格如何变动？

2018年以来，受非洲猪瘟等疫情影响，替代效应增加，羊肉价格出现较大幅度上涨。2020年羊肉价格出现较大波动：一方面，新冠肺炎疫情叠加冲击使得肉类行业震荡不断，货物积压、交付延迟、货品流通速度慢等问题导致羊肉价格自2020年3月出现较大波动；另一方面，随着市场需求与冷链物流逐步恢复，羊肉价格开始快速上涨。总体来看，国内羊肉价格在一段时间内仍将保持高位。

132. 国内肉羊交易市场价格如何变动？

近几年来，我国肉羊市场价格经历了较大波动。2018年起，羔羊价格总体呈现回升趋势，2018年年底毛重15千克左右的断奶羔羊价格达到750元（50元/千克）。2019年2—4月，肉羊价格经历小幅波动；进入2019年5月，再次回升至50元/千克，市场又出现抢购羔羊热潮，70%的育肥羊养殖户选择外出收购羔羊；2019年6月，羔羊紧缺引致羔羊价格上涨，毛重13.5千克左右的断奶羔羊进场价达到750元/只（公母比例为6∶4），平均价格达到55.4元/千克。虽然育肥羊和羔羊价格上涨，但繁殖母羊价格较为稳定，交易量较少，表现为有价无市的状态。进入2020年，羔羊价格仍然保持上涨态势。

从肉羊出栏角度来看，我国肉羊交易市场价格总体保持稳中有升的发展态势（图7-1）。据农业农村部统计，2019年我国肉羊出栏价格涨幅明显，绵羊平均出栏价格为26.59元/千克，同比上涨16.55％；山羊平均出栏价格36.42元/千克，同比上涨19.85％。绵羊和山羊平均出栏活重同比分别上升1.67％和3.12％。2019年12月到2020年2月，羊肉价格处于连续上涨过程。

图7-1　肉羊市场价格走势（2012—2019年）

133. 羊肉产品市场与肉羊交易市场价格如何关联？

肉羊交易市场与羊肉产品市场存在极高的关联度，一般来说，肉羊市场价格越高，羊肉产品市场价格越高。原因在于肉羊出栏量直接影响市场上羊肉的产量及供给量，进而影响终端价格，这种关系呈现出动态平衡的变化状态。

从供需角度和蛛网理论来看，当肉羊市场价格上涨时，羊肉产品成本增加，屠宰环节保持一定的利润率之后，势必传导为羊肉价格上涨，养殖主体会选择增加肉羊养殖及其出栏量以获取较大利润，使市场活羊供给量增加，进而导致后期肉羊和羊肉市场价格出现下跌；养殖主体又会依据市场获利情况理性选择减少补栏和出栏，市场供应量出现下降又会引发价格上涨，进而形成肉羊与羊肉市场的动态关联机制。在实际中，尽管羊肉价格起起落落，但总体上处于供不应求、持续上涨的状态。推动产业链优化升级和加强产业链各环节监管，是实现肉羊和羊肉两大市场价格良性互动关联、稳定市场供应的必然选择。

134. 羊肉市场价格波动预测需要考虑的因素有哪些？

合理预测我国羊肉市场价格波动应至少考虑供给、需求及系统外因素。

（1）供给因素　羊肉生产成本是羊肉价格的主体部分，生产成本的高低与养殖收益密切相关，直接影响肉羊养殖户的积极性，最终对羊肉市场供给产生影响，造成羊肉市场供给与价格波动。关注羊肉生产成本有助于合理预测羊肉市场的价格波动和根据市场变化调整生产计划。

（2）需求因素　居民消费结构转型升级导致羊肉消费持续走强。现阶段，猪肉与禽肉在消费结构中占比仍然较大，但羊肉对猪肉、禽肉具有明显的替代性：即当猪肉、牛肉等的价格发生变动时，会影响羊肉的市场消费需求和市场价格。充分考虑刚性需求与相关产品市场供需及其价格波动情况，有助于合理预测羊肉市场供需及其价格波动。

（3）系统外因素　人口数量与结构变化、消费偏好与习惯转变、疫病风险防范成本、养殖技术应用以及政府产业政策等，均会对羊肉市场价格波动产生影响。具体而言，人口增长及个人消费升级会增加居民羊肉消费量，进而推动羊肉价格上涨；肉羊养殖疫病风险增加会影响养殖者的信心，导致养殖规模缩小，进而减少羊肉供给，推动羊肉价格上涨；疫病会影响消费者心理，减少羊肉消费，造成市场需求和价格下降；养殖技术能够提高养殖户养殖效率，促进养殖户扩大养殖规模，增加羊肉有效供给，进而降低羊肉市场价格（樊慧丽，2020）。

 135. 消费市场上有哪些受欢迎的羊肉品牌?

品牌是消费者购买决策的重要依据，也是企业产品质量的集中体现。近期中国品牌网一项调查显示，国内最受欢迎的十大羊肉品牌分别为："MBB苏尼特肉业""比夫家人""草原峰煌""恒都""涝河桥""百蒙行""孟扬""蒙都""额尔顿"和"呼伦贝尔羊肉"。另据京东排行榜数据显示（截止到2020年8月28日），销量前二十羊肉产品品牌为"恒都""大庄园""草原宏宝""东来顺""大牧汗""蒙都"等，其中，羔羊产品共有12种，进口产品有7种，主要以预制类产品为主。从整体消费情况看，国内羊肉品牌化建设取得一定成效，质量水平不断提高，且呈现多元发展的良好局面。

2019年，中国畜牧业协会羊业分会按照羊源基地建设、科学饲养方式、履行社会责任、羊肉产量、产品销售额、品牌知名度及美誉度等方面指标，综合评价与遴选出中国十佳肉羊品牌，分别是"中盛中有""东方雁""乾宝湖羊""冠杨""润林""普康戈壁滩羊""草原领头羊""中天羊业""青青草原"以及"大材地"。各企业在注重产品品质的基础上，不断提高产品的市场信任度和美誉度，获得了较高的品牌溢价。毫无疑问，品牌化将是未来国内肉羊产业发展的方向。

 136. 羔羊肉市场发展现状及前景如何?

羔羊肉是指出生一年内、完全是乳齿的肉羊进行屠宰加工后的肉。相对于普通羊肉，其纤维柔软，细嫩多汁，脂肪适量，营养丰富，味道鲜美，易消化，市场需求日益扩大。生产上育肥羔羊具有众多优势：一方面，羔羊没有繁殖、泌乳等方面的营养损耗，几乎全用于维持机体正常生命活动，生长发育快，饲料转化率高，同时羔羊育肥周转快、商品率高，羊场能够快速提高出栏量；另一方面，当年育肥出栏缩短了饲草转化时间，提高了转化效率，能够有效填补草地能量和物质流失漏洞，避免枯草季节对非生产养殖进行维护饲养而导致能量损耗、掉膘和死亡等损失。现阶段，羔羊肉已经成为世界各国羊肉生产的主流。据统计，英国羔羊肉占羊肉总产量的90%以上，新西兰占80%以上，法国占75%以上，美国占70%以上。

20世纪90年代以来，我国居民生活水平大幅提高、饮食结构快速改变，导致羊肉需求量猛增，优质羔羊肉需求量增加更为显著。从市场销售情况来看，羔羊肉比普通羊肉价格高30%～50%，羔羊肉产业快速发展。现阶段，国内羔羊产业以实现生产绿色化、优质化为目标，以打造产品品牌化、高质化为重点，逐步确定了"品牌引领助推产业优化升级"的发展战略。考虑国内羔羊产业仍存在供需不匹配、产业链不完善等问题，消费者对羔羊肉的质量要求也在不断提高，提高羔羊产品质量、打通供需便捷通道、建立长效稳定市场供应体系，是羔羊肉产业发展的重点。

从绿色高质量稳定发展的角度出发，羔羊肉市场前景广阔。

（1）市场份额不断扩大　近几年，羔羊育肥比例及市场供应持续增加，市场短缺状况有所缓解，但仍存在较大缺口。这种需求拉动将不断提高羔羊肉市场供应，进而推动羔羊育肥产业快速发展。

（2）品牌化建设不断推进　品牌战略是提高羔羊肉产品附加值、增加产品效益的重要途径，也是推动羔羊产业绿色、高质量发展的重要举措。在政府引导、新型经营主体为主、养殖户积极参与的形势下，羔羊肉品牌建设将获得进一步发展，并进一步拉动产品质量快速提升。

（3）组织化生产不断创新　羔羊育肥标准制定、技术集成及疾病防控的要求较高，在产业发展中将逐步形成一批规模大、标准高、效率优的龙头企业、合作社等新型经营主体，并通过订单生产、配套服务等带动小农户参与标准化生产，加粗和延长产业链，创新多元销售模式，实现产销一体化，助力产业融合发展。

137. 消费者购买羊肉产品受哪些因素影响？

（1）居民家庭收入　家庭收入变化会显著影响羊肉消费的数量和结构，收入增长会刺激居民消费支出增加，进而对羊肉消费产生直接正向影响；同时，收入增长有助于居民改善生活水平，转变肉类产品消费结构。研究表明，不考虑饮食习惯、风俗文化等因素，收入提高时，消费者会降低禽肉、猪肉消费量，增加牛肉、羊肉消费量。

（2）其他肉品价格　当其他肉品价格发生变化时，因为收入效应与替代效应联合发挥作用，消费者往往会调整肉类消费结构。具体而言，当其他肉品价格相对上涨时，居民会增加羊肉消费；当其他肉品价格相对下降时，居民会减少羊肉消费，转而更多购买其他肉类产品。

（3）羊肉价格水平　价格水平的影响同样体现为收入效应和替代效应。以羊肉价格下降为例，价格下降相当于消费者收入增长，对羊肉的消费支出具有促进作用；而其他肉品价格不变时，羊肉价格下降会使居民转变消费结构，减少其他肉品消费，增加羊肉消费量。

（4）营销策略　营销及宣传手段是吸引消费者购买产品的主要手段。特别是在信息不对称状态下，制定满足消费者心理需求、适应消费者心理定位的营销策略能显著提高消费者的购买意愿，进而提高消费者购买量。

（5）差异化属性　差异化是产品扩大市场份额和提高市场竞争力的关键属性之一。在羊肉消费市场上，价格、质量、口感、包装、新鲜程度等均可作为产品的差异化竞争优势，吸引特定的细分消费群体，有效提高不同羊肉产品消费量。

138. 消费者对各类销售方式的偏好？

羊肉销售渠道包括线上和线下两种。线下销售作为传统渠道是羊肉销售的基础模式，按照销售场所又分为超市、零售店、集市、专卖店以及农贸市场等；线上销售是伴随互联网及物联网技术发展起来的新兴销售方式，主要分为B2C模式、C2C模式、新零售等。线上销售的诞生与发展，拓宽了消费者的购买渠道，提高了居民购买便利度，随着配送物流链的日益完善，线上购买逐渐成为居民获得羊肉等产品的重要渠道。

自1998年国家倡导并执行"菜篮子工程"以来，全国农产品流通体系逐渐完善，各地农产品零售市场逐渐增多，极大地满足了居民的生活需求。现阶段，线上消费逐渐成为居民特别是年轻消费者购买羊肉的重要渠道，且消费群体日益扩大。2020年上半年，受疫情影响，线下消费渠道受阻，使得线上销售量明显增加。据调查显示，疫情期间线上消费量比2019年同期上涨20%，无论是B2C模式、C2C模式，还是新零售模式，均呈现出向好发展态势。伴随疫情防控常态化和线下运行逐步恢复正常，线上消费量有所回落，但增长趋势仍较明显。

 139. 市场上较受欢迎的肉羊品种有哪些？

产肉率、成长性、抗病能力、产羔率是肉羊品种选择的重要依据，近年来肉质和口感也逐渐成为品种选择的重要依据。

从山羊和绵羊两大基本品系各自肉质特点来看，肉用山羊体躯低垂，肌肉丰满，细致疏松型表现明显，且膻味较重，适合清炖和烤制；而绵羊肉细嫩、颜色浅，比山羊肉脂肪含量高，口感更加细腻可口，适合涮肉和制馅。

具体来看，市场需求量大且具有良好性能的山羊品种主要包括波尔山羊、白山羊、黑山羊、青山羊等，具体如沂蒙黑山羊、苍山黑山羊、南江黄山羊、黄淮山羊等；绵羊品种包括阿勒泰羊、小尾寒羊、滩羊、湖羊、乌珠穆沁羊等，具体如杜泊羊、夏洛莱羊、德克赛尔羊、罗姆尼羊、德国肉用美奴羊、萨福克羊、波德代羊等。同时，品种之间的杂交也会表现出一定的优势而逐渐被一些养殖主体所接受。

 140. 国家对肉羊及羊肉产品市场发展有何政策？

现阶段，国家层面的补贴主要倾向于扶持养殖主体，如圈舍建设、种羊与基础母羊购置、良种繁育等环节补贴与贷款贴息。市场建设扶持政策主要有两方面：一是鼓励并支持地方性肉羊交易市场、产业信息平台、电子交易平台等建设，突出以大数据为依托，构建市场风险预警系统，提高肉羊交易便利度和产业信息化水平，降低交易过程中的不稳定风险；二是支持龙头企业、农民合作社等新型经营主体与农户建立协作带动关系，鼓励发展订单农业、代理销售等业务，帮助散养户对接市场，减少因信息不对称而产生的损失。

政府部门在羊肉销售和消费方面的扶持政策：销售方面，国家支持羊肉供应主体开展品牌建设，以高标准、高质量、高营养为切入点，不断提高产品的市场竞争力，支持冷链运输体系、市场零售体系建设，推动羊肉消费进入千家万户；消费方面，政府部门通过助力品牌宣传、发放消费券等方式，促进居民消费牛羊肉等产品，推动消费市场发展与转型升级。

 141. 羊肉产品如何进行市场定位及定价？

在产品市场定位方面，不同规模供应主体应体现自身特点与适应性。大中型羊肉生产供应主体应依据市场需求提供差异化细分产品，按照低端、中端以及高端市场配套研发不同产品，尽量将产品拓展到各类细分市场，有效拓展和稳定市场占有率，巩固市场竞争地位，获取更多的销售收入和品牌溢价；小型企业要依据自身优势结合进入不同市场的难易程度，按照灵活创新、做强做精的原则，专攻某一类型市场产品研发，实现市场的有效进入和相应市场份额的持续提升。

产品定价应在大量调研与分析的基础上确定，不同市场应采取差异化的销售策略。在价格弹性较高的市场（即需求量随价格变动较大，如高端产品的弹性需求市场），应尽量采取降价营销策略，以吸引更多的消费者，助力提高销售额度；在价格弹性较低的产品市场（即需求量随价格变动过小，如因生活习惯、文化传统形成的刚性需求市场），应在保证羊肉品质的基础上适当提价，以有效增加销售利润。

 142. 羊肉产品差异化的重点是什么？

产品差异化是指企业通过各种方法使产品能够满足不同顾客群体的偏好，使顾客能够把它同其他竞争性企业提供的同类产品有效区别，从而使企业在市场竞争中占据有利地位。

依据不同市场需求提供差异化产品对于企业发展具有重要现实意义。现阶段，羊肉普通产品和高端产品两大市场分化趋势明显，且拥有不同的消费群体，前者以满足生活习惯、文化传统等大众常规消费为主，其需求差异化程度不高，在保证质量的前提下适当提价能有效提高产品的销售收入和企业利润；后者则以追求口感、营养等高端消费为主，特别是在消费结构经历优化升级的背景下，企业依据市场需求现状，通过差异化生产策略，形成羊肉特色产品概念和品牌优势，获得较高的品牌溢价，提高企业整体销售收入和利润。

 143. 肉羊生产经营主体有哪几类？

肉羊生产经营主体可分为以小规模散养户为代表的传统经营主体和以家庭农牧场、专业合作社、龙头企业等为代表的新型经营主体。

（1）散养户　通常以个人或家庭为单位单独从事肉羊养殖，规模较小、产业链较短，常受到技术、圈舍、资金等要素制约，大部分仅开展肉羊繁育或育肥环节。散养户年出栏量一般较低（常为1～29只），能够快速调节养殖规模，在生产经营主体总数中占多数（丛林等，2020）。近年来，由于散养户抵抗市场风险能力弱，且受到禁牧、环保等政策影响，多数散养户选择与新型农业经营主体合作、共同发展。

（2）养殖合作社　一般在政府部门、企业、协会等的组织引导下，由多个散养户自发组建，生产活动往往涉及肉羊养殖多个环节。合作社通过统一技术、统一服务、统一规范、统一销售，改变了散养户标准技术采纳难、市场信息获取难、市场交易参与难等问题，降低了生产成本和交易成本、提高了养殖收益，并通过共享技术、信息、销售渠道、基础设施等资源有效增强了市场风险抵抗能力（丛林等，2020）。

（3）养殖企业　指按照一体化经营，开展全产业链中多个环节生产经营的组织。企业养殖规模较大，涉及环节较多，是产业升级发展的领头羊。多数企业依据全产业链匹配布局，同时开展技术开发、饲草种植、有机肥加工、良种繁育、规模养殖、屠宰加工、产品销售、种养结合等中的多个环节，是引领肉羊产业高效发展的重要主体。

（4）家庭农牧场（养殖大户）　指以农牧户家庭为基本经营单位，以高效的劳动、现代化的技术为资源要素，从事适度规模化、专业化、集约化、标准化的肉羊养殖（张晓敏，2017），其收入主要来源于专业化生产经营，是一类能够实行自主经营、自我积累、自我发展、自负盈亏和自我管理的新型农牧业经营主体。

144. 常见肉羊生产经营模式有哪几种？

肉羊生产经营模式可以划分为以市场自由交易为代表的"市

场+养殖户"模式、以合同契约生产为代表的"龙头企业+养殖户"模式和以合作生产为代表的"企业+合作社+养殖户"模式等。

(1)"市场+养殖户"自由交易模式 该模式指养殖户以交易市场为平台，通过新型经营主体、经纪人带动，或自发进入肉羊市场，交易伙伴包括养殖户、企业、专业合作社等，可划分为"市场+养殖户""市场+家庭农牧场+养殖户""市场+经纪人+养殖户"等模式（王会东，2010；王丽娟等，2013）。由于市场在扩大批量、方便交易、价格引导等方面具有显著的中介作用，该模式下养殖户能够及时获得市场信息，并形成相应的反馈机制。

(2)"龙头企业+养殖户"合同契约模式 "企业+养殖户"是我国畜牧业最早的协作方式（赵明亮等，2019）。该模式以龙头企业为主导，通过经纪人、合作社等中间方与养殖户签订销售或生产合同，形成牢固的利益联结关系，带动养殖户从事肉羊生产。合同契约模式明确了各方权利和义务，农户的产品销路可以得到保障。按利益联结不同，又可以划分为"龙头企业+养殖户""龙头企业+经纪人+养殖户""龙头企业+专业协会+基地+养殖户""龙头企业+专业合作社+养殖户"等具体模式。

(3)"企业+合作社+养殖户"合作生产模式 该模式是以专业合作社为组织载体，龙头企业与养殖户通过股份制、股份合作制以及土地租赁等形式结成生产经营共同体。公司和养殖户都是合作社的参与者和惠顾者，合作社经营好坏与龙头企业、农户的经济利益息息相关，龙头企业与农民均参与合作社的利益分配，享受分红，利益共享。这种形式有利于企业和农户的利益协调，使双方真正实现地位平等、利益均沾、风险共担；也有利于龙头企业迅速凝聚生产力，扩大经营规模，增强整体实力（王会东，2010）。

145. 生产主体如何选购合适的肉羊品种？

肉羊养殖主体往往选择"生得多，长得快，死得少"的理想品种，但生长性状和繁殖性状往往是负相关，目前还没有成功培育出两类性状都优越的"万能品种"（姜勋平等，2018）。国际上以放牧品种选育为主，商品羊主要使用二元杂交或三元杂交模式，以杂交羔羊放牧育肥或谷物育肥的方式生产羔羊肉（李军，2020）。我国尚未制定较为科学的肉用种羊标准，肉羊养殖仍以地方品种或细毛杂种羊为主（张鹏，2011）。

生产主体选育肉羊品种需要充分利用国内外种质资源，正确使用父本和母本，选择父本时应侧重于生长性能，选择母本时则侧重于繁殖性能，目标子代则品种杂交优势明显、产品整齐度高（姜勋平等，2018）。另外，要结合地区肉羊养殖情况，选择适应能力强、生产性能高、产品品质好、饲养周期短的肉羊品种（孙月英，2018），持续提高生产效益。

 146. 生产主体如何依据市场行情进行生产决策？

肉羊生产主体需要根据市场行情确定不同的生产决策。

（1）当羊肉市场行情好时　生产主体应及时调整、适度扩大养殖规模，做好育种、育肥、防疫等工作。在产量增加、收益提升的同时，综合利用现有资源、创新技术以及线上平台，打造出品种、品质、品牌过硬的羊肉产品，通过资本积累和产业链延伸将收益拓展至整个肉羊产业。

（2）当肉羊产品行情不佳时　生产主体应挖掘自身潜能，格外重视做好三方面工作（王富勇等，2017）：一是做好羊群管理，开展适度规模养殖，有序淘汰病弱和老龄羊，保持健康、生产性能高的羊群；二是提高羊的繁殖率，饲养多胎羊，要加强对羔羊的护理和培养，提高成活率；三是降低养殖成本，特别在饲料上应根据实际情况适当调整配方和比例。

 147. 产品营销4P原则在肉羊（羊肉产品）营销中如何应用？

产品营销4P原则主要包含产品、价格、渠道以及促销四类营销策略，为肉羊（羊肉产品）营销提供了系统理念。

（1）产品策略　肉羊生产经营主体需要了解消费者对羊肉产品的实际需求，基于实际情况明确生产方向，挖掘潜力、科学规划和有效组织生产。

（2）价格策略　肉羊生产经营主体要根据羊肉产品的实际价值、市场供需情况以及市场价格范围找准价格定位，既有助于提升羊肉产品的市场竞争力，也有利于合理协调肉羊生产经营主体、经销商以及消费者等主体的利益（周思思，2020）。

（3）渠道策略　生产经营主体特别是全产业链生产主体，应依托互联网、物联网构建"互联网＋物联网＋生态羊肉产品"渠道，实现羊肉消费市场的挖掘、拓宽；构建"联盟制＋连锁店"模式，利用实体店、火锅店等销售终端进行品牌宣传，维护品牌的口碑和形象。

（4）促销策略　具有终端销售业务的生产主体应合理开展促销活动，避免虚标高价后再打折扣的行为，从而降低消费者的怀疑心态；合理设置优惠券及其有效期限，刺激消费者购买欲望，增加消费行为。

148. 如何实现肉羊（羊肉产品）的品牌化建设？

推进肉羊产业化，亟须打造一个或多个具有市场影响力的地理标志或者企业品牌（常金宏等，2019）。大型生产主体应充分利用大数据、人工智能等新技术新手段，细分目标人群、找准用户需求，调整产品研发、生产、运营、迭代等环节，最终为消费者提供更优质、更贴合需求的产品，进而打造出一系列高质量、信得过、有特点的羊肉地理标志和企业品牌，（刘刚等，2019）。

具体而言，实现肉羊品牌化建设需要做好以下工作。

（1）着力推动肉羊标准化发展　夯实肉羊品牌化建设基础，做到"质量有标准、过程有规范、销售有标志、市场有监测、监督可追溯"。

（2）着力推进肉羊产业化发展　通过引进品牌知名度高的绿色食品和有机食品生产企业，培育肉羊产业品牌经营主体，带动肉羊标准化养殖基地建设。

（3）着力推进肉羊高质化发展　鼓励、引导肉羊龙头企业开展无公害农产品、绿色食品、有机农产品和地理标志农产品登记认证，鼓励支持肉羊品牌商标注册，提高肉羊品牌产品的质量和知名度，全面提升肉羊品牌产品质量安全水平。

（4）着力推动肉羊监督体系建设　强化监督管理，依法保护品牌，维护品牌质量、信誉和形象。健全和完善相关法律、法规、制度，对违法违规者及时曝光和依法惩处，对恪守信用者给予表彰奖励。强化自律意识，加强品牌质量保证体系与诚信体系建设，不断提高产品质量和经营管理水平，自觉维护肉羊品牌形象（王瑞，2017）。

 149. 常见的肉羊（羊肉产品）的宣传推广方式有哪些？

肉羊宣传推广方式伴随经济社会发展在不断进步与拓展。

传统宣传推广一般借助户外广告和报纸，另有部分经销商选择大型超市、社区密集点或交易市场等客流量大的区域，与潜在消费群体面对面开展羊肉产品介绍和推销，以促进羊肉销售；还可以借助大众媒体，通过电视、广播等媒介促进羊肉产品宣传推广。

现阶段，电子商务等网络媒介高速发展，越来越多的肉羊企业、经销商、专营店将宣传推广的重心转向网络平台和电子媒介，如利用阿里巴巴、京东商城、微信朋友圈、公众号、QQ群、直播平台、抖音等电商平台和网络软件宣传相关产品，增加产品的宣传推介力度。

 150. 如何开展肉羊（羊肉产品）的宣传和推广？

从把握市场动态、树立产品品牌、完善传播渠道、提升企业形象等方面入手开展羊肉产品的宣传和推广。

（1）把握市场动态　应关注羊肉产品的市场供求状况和价格信息，分析消费者的潜在需求及不同群体的消费偏好，对于行业发展形成总体认识，策划企业未来发展模式及其侧重点。

（2）树立产品品牌　从肉质特点、保健性能、生态功能等方面突出羊肉品牌的特色亮点，建立并完善质量追溯系统，保证产品质量。

（3）完善传播渠道　借助各大网络媒体、企业信息发布会及线下商城、专营店等对羊肉品牌进行宣传，推出产品试用装，以产品为媒介，加强消费者产品体验交流。

（4）提升企业形象　应构建积极向上的企业文化，驱动企业不断发展，成为羊肉产品及相关品牌持续发展壮大的坚实后盾。

151. 肉羊交易市场上常见的交易主体有哪些？

从供给和需求看肉羊市场的交易主体，供给主体可以分为两大类：①以家庭小规模散养为代表的传统经营主体，在生产设施设备、标准养殖技术、废弃物处理与资源化利用等方面相对落后，是肉羊市场的主要供应主体；②以合作社、家庭农场（养殖大户）、龙头企业为代表的新型经营主体，在养殖现代化、标准化等方面存在优势，但市场供应总体占比远低于散养户之和。

需求市场主体大致分为三大类：①以羊经纪人为代表的代理人员（或组织），其为供应主体与需求主体之间架通桥梁，特别是在以散养户为主要占比的供应体系中，代理人员是其对接市场的主要途径；②以生产经营主体为代表的专业育肥场（户），该类需求主体存在于羔羊、架子羊交易市场中（供应、需求方均为养殖主体），其主要任务是确保肉羊前后两阶段养殖过程有效衔接，是肉羊交易市场的重要组成部分；③以屠宰场、加工企业为代表的屠宰加工组织，该类需求主体存在于肉羊由生产阶段到加工阶段的过渡中，是肉羊交易市场的最终需求主体。

152. 常见肉羊交易方式及其特点是什么？

常见的肉羊交易方式包括自由交易、代理售卖和合同契约三种方式。

（1）自由交易 是最传统的交易方式，普遍存在于肉羊各阶段交易中，优点是供需双方面对面进行自由交易，较为快捷便利；缺点在于双方信息存在不对称，容易引发一系列机会主义行为，以及在供需双方不对等时形成单方垄断市场，使另一方利益受损。

（2）代理售卖 是在自由交易基础上形成的一种新的交易方式，即通过第三方实现供给和需求主体链接，该方式能降低委托方的交易成本（信息、谈判等成本），使委托方更快捷地对接市场；缺点在于代理方掌握更多市场信息，同样存在信息不对称问题，并且代理方也有可能采取恶意囤积等行为，进而扰乱市场，从中获取超额收益。

（3）合同契约 指市场需求主体与供应主体通过订单达成合作契约，进行生产并完成最终的交易过程，该方式下双方达成一定的利益联结机制，能够较好地规避部分市场风险，是一种共赢的交易方式，也是未来肉羊生产及交易的重要发展方向；缺点在于这种合作契约形成过程较为复杂，需要耗费大量财力和物力，并且如何监督双方按照规定采取行为也是该交易方式发展的重要掣肘瓶颈。

153. 肉羊产业链式发展模式及其优缺点是什么？

肉羊产业链式发展指生产繁育、屠宰加工、批发零售等环节由相关联的产业组织联合推进。新型经营主体的快速涌现使"公司+养殖户""公司+合作社+养殖户"等成为当前最为普遍的肉羊产业链式发展模式。

（1）"公司+养殖户"模式 散养户与企业通过订单等方式实

现多环节链接，降低交易成本，有利于成本节约和利润增加。但是，该模式下多数肉羊养殖户与公司尚未形成紧密利益联结和风险共担机制，不完善的监督也会制约肉羊生产的规模化程度及其经营水平提高，最终导致产业链利益分配不合理，养殖户利益受损，使得产业转型升级受阻。

（2）"公司＋合作社＋养殖户"模式　标准化和集约化养殖水平较高，有助于扩大养殖规模、应用新型技术，以及解决肉羊产业链上下游各主体之间信息不对称、利益分配不合理等问题，建立完善的一体化服务设施，减少产品在流通中的交易成本。但该养殖模式资金投入较大，在羊肉产品价格上行周期中的扩张能力相对较弱。

 154. 羊肉产品终端销售方式有哪些？各有何特点？

各类产业链发展模式的产品终端销售方式不尽相同，总体来说包括线下销售和线上销售两种主要方式。

普通羊肉产品主要在零售市场、便利商店、餐馆、农贸市场、菜市场及集市等地点进行线下销售。受限于养殖技术及基础设施，产品难以产生附加的品牌效应，主要靠扩大销量获取更多利润。

肉羊全产业链式发展将超市、专营店等线下销售和线上销售相结合，且容易发展形成自身的品牌，品质往往可以得到更好的保障，消费者的认可度更高。品牌产品多在专营店或大型商超销售，随着电子商务的发展，线上销售逐渐成为品牌羊肉产品销售的新的主流方向。

八、繁殖母羊管理篇

155. 怎样鉴定母羊发情？

（1）外部观察法　外部观察法的观察对象主要是母羊的外部表现和精神状态。发情的母羊主要表现为喜欢接近公羊，并且会强烈摇摆尾部，兴奋不安，对外界刺激敏感，常鸣叫，举尾不安，排尿频繁，食欲减退，反刍停止，外阴部肿胀、充血，并伴有黏液排出。泌乳期的母羊发情时，泌乳量会下降，不照顾羔羊，当被公羊爬跨时会站立不动，后肢叉开。绵羊的发情期短，外部表现不太明显，山羊的发情相对较为明显，因此母羊的发情鉴定需结合试情法进行。

图8-1　试情公羊

（2）试情法　鉴定母羊是否发情，多采用试情法进行鉴定。试情公羊一般为2～4岁体格健壮、无疾病、性欲旺盛、无异食癖的非种用公羊（图8-1）。试情公羊的头数应为母羊头数的2%～2.5%，以保证试情时可以轮流替换使用。试情布应采用长60厘米、宽40厘米的细软白布一块，四角系或缝长度适宜的布袋，拴在试情公羊的腰部，以试情布能将试情公羊的阴茎兜住使其不能与母羊直接交配并且不影响公羊的正常行走、爬跨和射精为准。此法是根据母羊对试情公羊的反应行为来判断母羊是否发情。试情公羊与母羊的比例要适宜，一般在1∶（40～50）。在试情公羊进入母羊圈之后，工作人员不能轰打和叫喊，只能适当的轰母羊，使母羊不要聚在一起。发情的母羊表现为愿意接近公羊，弓腰举尾，后肢张开，频繁排尿（图8-2），当公羊对其爬跨时会站立不动，而不发情的母羊对公羊的爬跨行为进行躲避，甚至会出现踢、咬等抗拒行为。在发现母羊发情后，应当将母羊迅速挑出或做出标记。这种方法虽然简单，但是准确性很高。

图8-2 发情母羊对试情公羊的反应

 156. 怎样提高母羊配种妊娠率？

（1）保证空怀母羊处于中等膘情 在配种前期及配种期，应该对公羊、母羊给予充足的蛋白质、维生素和矿物质元素等营养物质。营养状况不但影响公羊精子的产生和精子的质量，也会对母羊卵子和早期胚胎的发育产生很大的影响。增加配种前体重，还可以使母羊发情整齐、排卵数量多，继而可以提高母羊的配种率、受胎率和多胎性。在母羊妊娠期尤其是妊娠后期加强饲养管理，可以降低母羊的流产率、死亡率和死胎率，初生羔羊的体重也会增加。哺乳期饲养管理的加强，可以使母羊的泌乳力提高，羔羊生长发育快，成活率也会提高。

（2）发情鉴定要准确 有条件的要采用公羊试情方法进行试

情，以母羊站立不动接受公羊爬跨为发情标准。

（3）配种公羊精液品质要好　对于种用的公羊要进行严格的选择，选择体型外貌符合种用要求、体格健壮、睾丸发育良好、性欲旺盛的个体，并且要适时对其精液进行检查，及时发现并剔除不符合要求的公羊。

（4）掌握好配种时机　母羊的发情期持续时间短，尤其是绵羊，因而要把握好配种时机，及时发现羊群中发情的母羊，以免造成漏配。大量的生产时间证明，在繁殖季节开始后的第一、二个发情期，母羊的配种率和受胎率是最高的，而且在此时期所配母羊所生羔羊的双羔率也高。

（5）保证配种次数　尽量做到配种3次以上，一些高产的母羊的排卵量高，但是所产的卵子不是同时成熟和排出，而是陆续成熟然后排出，因而要对母羊进行多次配种或输精，可利用重复简配、双重交配和混合输精的方法，令排出的卵子都尽可能有受精的机会，从而提高产羔率。

157. 母羊产羔后长时间不发情怎么办？

母羊产后长时间不发情有几种情况：①绵羊属季节性发情动物，如果在秋季，绵羊母羊产后长时间不发情可能是由于特殊原因导致，要进行诱导发情；②如果产后膘情差，也会导致不发情，这时要加强饲养；③如果产羔时间处于春夏季节，生殖系统活动不活跃，如果要想促使母羊发情，可以采用诱导发情技术。

158. 如何选留优秀的母羊？

在选种时需要考虑的方面有产肉性能、产毛性能、产奶性能、饲料报酬、生长发育、繁殖性能及适应性、体貌特征、抗病力等性状（图8-3）。产肉性能包括生长发育及育肥性能、屠宰性能、肉品质等性状；生长发育性状是指初生重、断奶重、日增重、周岁重、成年体重以及各发育阶段的体尺与外貌评分；肥育性能是指育肥期日增重、饲料报酬等；屠宰性能是指胴体重、屠宰率、净肉重、肉骨比、眼肌面积等；肉品质是指肉的柔嫩程度、颜色、组织纤维、风味、系水力以及肉的化学成分等；产毛性能主要包括产毛量、净毛率、被毛密度、羊毛纤维长度、细度、强度、伸度、颜色等；产奶性能是指泌乳期长短、产奶量、乳脂率、乳蛋白等；繁殖性能包括早熟性、产羔率、多胎性、发情规律等，生产中以多胎性和产羔率最为重要。

选种主要从以下四方面进行：①根据个体表型成绩即个体表型选择；②根据个体祖先的成绩即系谱选择；③根据旁系成绩即半同胞检验测定选择；④根据后代成绩选择即后裔检验测定选择。这四种方法有时条件不具备时，只能利用一种或两种，应根据不同时期所掌握的资料合理利用，以期提高选种的准确性。

图8-3　湖羊母羊

159. 种母羊的留种率是多少？

一般母羊高产年限为5年左右，因此在保持羊群规模不变的情况下，每年的留种率为20%。

160. 羊的妊娠期是几天？怎样推算母羊的预产期？

通常，绵羊的妊娠期为146～157天，平均为150天，山羊的妊娠期为146～161天，平均为152天。羊的妊娠期因品种、年龄、所怀胎儿数、环境因素、饲养管理等有所变化，比预产期提前或推后1周都是正常的。

羊的预产期可用配种月加5、配种日减3的方法进行推算。例如，已知某只母羊的配种日为2020年5月20日，其预产期计算方法：利用月加5、日减3的方式计算：5+5=10（月）；20-3=17（日），因此，该母羊的预产期为：2020年10月17日。当预产月份超过12个月，将分娩年份推迟1年，并将该年份减去12个月，余数就是下一年预产月数。例如，某母羊于2020年10月9日配种，它的预产期为：（10+5）-12=3（月），9-3=6（日），该母羊的预产日期为2021年3月6日。

161. 母羊发情后如何掌握配种时机？

一般母羊发情后，当天下午配种，第二天上午和下午各配种一次。

162. 怎样判断母羊妊娠？

一是通过外观观察，母羊受孕妊娠后被毛光亮，采食能力增强，体况明显改善；二是借助B超仪，一般在配种后40～45天进行，较传统的触摸法提前1.5个月，这一技术的应用，提高了妊娠诊断的准确性，缩短了肉羊的空怀母羊天数，降低了空怀母羊的饲养成本，提高了经济效益。B超诊断法的具体操作步骤为：将待测母羊站立保定，将医用耦合剂涂抹在B超仪的探头上，探头垂直贴近羊后肢股内侧腹壁与乳房间的少毛区，或者将探头通过直肠来检测，一边观察显示器显示的图像，一边缓慢移动探头进行扫描，寻找清晰准确的扫描效果，从而进行妊娠判断。当探测到膀胱的暗区后，向膀胱的左上或右上方探查。对于规模种羊场建议可以采用B超做早期妊娠诊断（图8-4）。

图8-4　母羊B超早期妊娠诊断

163. 怎样控制空怀母羊的饲养强度？

空怀母羊体况应控制在中等水平，有利于其发情排卵和受孕。如果采用全株玉米青贮或青绿饲料，可以不给精饲料；如果饲喂黄贮饲料、花生秧等粗饲料，精饲料每天饲喂250～300克。如果粗饲料为玉米秸秆和羊草，精饲料每天饲喂300～400克。

164. 妊娠母羊的饲养管理要点有哪些？

（1）妊娠前期　母羊的妊娠期平均为5个月，妊娠3个月为妊娠前期，胎儿发育缓慢，重量仅占羔羊初生重的10%，但做好该阶段的饲养管理，对保证胎儿正常生长发育和提高母羊繁殖力起着关键性作用。

母羊在配种14天后，开始用试情公羊进行试情，观察是否返情，初步判断受孕情况；45天后可用超声波做妊娠诊断，较准确地判断受孕情况，及时对未受孕羊进行试情补配，提高母羊利用率。

母羊妊娠1个月左右，受精卵在附植未形成胎盘之前，很容易受外界饲喂条件的影响，喂给母羊变质、发霉或有毒的饲料，容易引起胚胎早期死亡；母羊的日粮营养不全面，缺乏蛋白质、维生素和矿物质等，也可能引起受精卵中途停止发育，所以母羊妊娠1个月左右的饲养管理是关键时期。此时胎儿尚小，母羊所需的营养物质虽要求不高，但必须相对全面，在青草季节，一般来说母羊采食幼嫩牧草能达到饱腹即可满足其营养需要，但在秋后、冬季和早春，多数养殖户以晒干草和农作物秸秆等粗饲料饲喂母羊，由于采食饲草中营养物质的局限性，则应根据母羊的营养状况适当地补喂精饲料增加营养。

（2）妊娠后期母羊的饲养　母羊妊娠2个月为妊娠后期，这个时期胎儿在母体内生长发育迅速，90%的初生重是在这一时期长成的，胎儿的骨骼、肌肉、皮肤和内脏各器官生长很快，所需要的营养物质多、质量高。如果母羊妊娠后期营养不足，胎儿发育就会受到很大影响，导致羔羊初生重小、抵抗力差、成活率低。

妊娠后期，一般母羊体重要增加7～8千克，其物质代谢和能量代谢比空怀期的母羊高30%～40%。为了满足妊娠后期母羊的生理需要，舍饲母羊应增加营养平衡的精饲料。这个时期，若母羊营养不足，会出现流产现象，即使妊娠期满生产，出生羔羊也往往跟早产胎儿一样，会因为发育不健全、生理调节机能差、抵抗能力弱导致死亡；会造成母羊分娩衰竭、产后缺奶。若营养过剩，会造成母羊过肥，容易出现食欲不振，反而使胎儿营养不良。所以，这一时期应当注意补饲蛋白质、维生素、矿物质丰富的饲料，如青干草、豆饼、胡萝卜等。临产前3天，做好接羔准备工作。

妊娠期的母羊除了需要加强饲养外，还应加强管理。舍饲母羊日常活动要以"慢、稳"为主，饲养密度不宜过大，要防拥挤、防跳沟、防惊群、防滑倒，不能吃霉变饲料和冰冻饲料，不饮冰水，以免引起母羊消化不良、中毒和流产。羊舍要干净卫生，应保持温暖、干燥、通风良好。母羊在预产期前1周左右，可放入待产圈内饲养，适当进行运动，为生产做准备。在日常管理中禁忌惊吓、急跑等剧烈动作，特别是在出入圈门或采食时，要防止相互挤压。母羊在妊娠后期不宜进行防疫注射。羔羊痢疾严重的羊场，可在产前14～21天，接种一次羔羊痢疾菌苗或五联苗，提高母羊抗体水平，使新生羔羊获得足够的母源抗体。

165. 怎样预防母羊瘫痪？

母羊瘫痪是在妊娠母羊分娩前后由于营养不良、体内钙磷代谢紊乱导致无法站立的常见病症，主要是发生在怀胎多、日粮营养差的羊群中。预防瘫痪的主要措施是加强妊娠后期和哺乳期母羊的饲养管理。研究表明，妊娠后期母羊日粮能量水平应比空怀母羊增加30%～40%，蛋白质增加40%～60%，钙、磷增加1～2倍，维生素增加2倍。因此，妊娠后期和哺乳期的母羊要保证青绿多汁饲料供应充足；哺乳期的母羊要按照所生不同羔羊数量，将母羊分群饲养，以保证不同生产负荷的母羊得到充足的营养供给。

166. 接羔时需要注意哪些事项？

（1）准备工作

①制订预产计划　根据母羊数、配种受胎母羊数以及产羔率估计产羔总数量，根据配种记录推算出每只母羊的预产日期，按照预产期将临产母羊在产房集中饲养，集中待产。

②储备饲草饲料　储备足够青干草、青绿多汁饲料和精饲料供母羊及羔羊补饲。

③准备用具药品　根据需要准备常用的消毒药物、兽医药品、兽医器械等，准备好水桶、盆、毛巾、产羔记录表、照明设备、取暖设备、编号用具等。

（2）做好助产和辅助工作　母羊正常分娩时先看到羔羊的两前蹄、前肢和口鼻部，当头顶部露出后即可立即产出，这是正产；

如果先出来后肢则为倒产。产双羔是先产出一只，5～30分钟乃至几个小时后产出另一只。当胎儿产出后，可以采取自然断脐或人工断脐，保留8～10厘米，用手撕断，以3%碘酒消毒，将新出生的羔羊放到母羊身边，便于母羊舔舐羔羊身上的黏液，同时便于羔羊吃到初乳。天气寒冷时要注意防寒保暖。当遇到难产时，要助产，一般难产主要是由于产道狭窄或胎儿过大，或者胎位不正所致。助产人员要剪指甲，用2%来苏儿溶液洗手，涂抹植物油或戴橡胶手套进行助产。

 母羊产后如何护理？

母羊产后经过阵痛和分娩，体力消耗较大，机能代谢下降，抗病力降低，如护理不好，会对母羊的健康、生产性能和羔羊的健康生长造成严重影响。产房应注意保暖，温度一般在5℃以上，严防"贼风"，以防感冒、风湿等疾患。母羊产羔后应立即把胎衣、粪便、分娩污染的垫草及地面等清理干净，更换清洁干软的垫草。用温肥皂水擦洗母羊后躯、尾部、乳房等被污染的部分，再用高锰酸钾溶液清洗一次，擦干。要经常检查母羊乳房，如发现有奶孔闭塞、乳房发炎、化脓或乳汁过多等情况，要及时采取相应措施予以处理。母羊产后休息0.5小时，要饮温水，最好在水中加入一些食盐和麦麸、红糖。清洗母羊后驱部，减去乳房周围的长毛，用温热消毒水清洗乳房并擦干，挤出几滴宿乳，然后帮助羔羊吃到初乳，同时要将被污染的垫草清除并更换干褥草。膘情好、奶水足的母羊产后3天只给优质干草，不给精饲料和多汁饲料，防止消化不良或发生乳腺炎；产后5天逐渐增加精饲料和多汁饲料的饲喂量；产后15天恢复到正常饲养方法。

 如何加强母羊产后的饲养管理？

母羊产后身体虚弱，补喂的饲料要营养价值高、易消化，使母羊尽快恢复健康和有充足的乳汁。泌乳初期主要保证其泌乳机能正常，细心观察和护理母羊及羔羊。对产羔多的母羊更要加强护理，多喂些优质青干草和混合饲料。泌乳盛期一般在产后30～45天，母羊体内贮存的各种养分不断减少，体重也有所下降。在这个阶段，饲养条件对泌乳量有很大影响，应给予母羊最优越的饲养条件，增加精饲料喂量，日粮水平的高低可根据泌乳量的多少进行调整，通常每天每只母羊补喂多汁饲料2千克，全价精饲料600～800克。泌乳后期要逐渐降低营养水平，控制混合饲料的喂量。哺乳母羊的圈舍必须经常打扫，以保持清洁、干燥，对胎衣、毛团、塑料布、石块、烂草等要及时扫除，以免羔羊舔食而引起疾病。母羊产后不发情原因有多种，需要对产羔断奶母羊进行实时监控，密切注意产后发情，对没有及时发情的母羊要进行检查，采取人为干预措施促使其发情，对于人为干预无效的母羊可以考虑淘汰育肥；对于已经配种的母羊要观察配种后前2～3个情期是否返情，以免耽误母羊配种妊娠。

 169. 如何从选种角度提高母羊高产性能？

应选留多胎的后备母羊留种，提高每胎产羔数，不要单纯追求生长性能。生长速度快的羔羊往往是单羔，因此不要一味追求生长速度快，要兼顾繁殖性能，选择那些平均胎产羔数在2只以上的羊留种，来提高基础母羊群的高产性能。此外，还可以用多胎品种与地方品种羊杂交，这是提高母羊繁殖力最快、最有效和最简便的方法。

 170. 哪些品种适合做繁殖母羊？

小尾寒羊和湖羊是我国进行肉羊新品种培育常用的优良母本（图8-5）。还有一些适合我国特殊地域恶劣自然条件的优良地方品种，如新疆阿勒泰羊、内蒙古的乌珠穆沁羊、西藏的藏羊等。

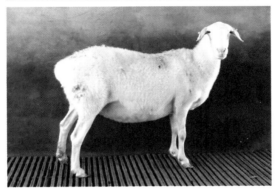

图8-5　小尾寒羊（上）和湖羊（下）

 母羊繁殖的最佳膘情标准是什么?

膘情是指羊的肥瘦程度，是反映羊群健康和饲养管理水平的重要指标，关乎羊群健康状况、生产性能。日粮浓度不够或者饲养管理不当就会导致羊的膘情差、体质弱，很容易发病；膘情过肥也会对生产带来不利影响，引起母羊繁殖障碍，同时会造成饲料浪费，增加饲养成本。按照膘情可将羊的体况分为五个等级：A为瘦弱，B为偏瘦，C为中等，D为偏肥，E为肥胖（图8-6）。中等膘情即C级适合繁殖。

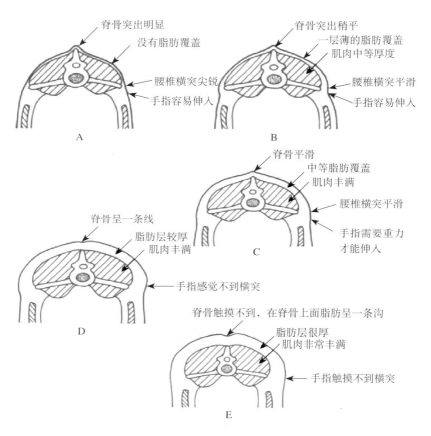

图8-6　绵羊膘情等级分类示意

A.瘦弱　B.偏瘦　C.中等　D.偏肥　E.肥胖

172. 母羊妊娠有哪些外观表现?

（1）母羊妊娠后采食量增加。

（2）由于母羊采食量增加，膘情较好（图8-7）。

（3）母羊妊娠后营养需要增加，饲料转化率提高，采食量增加，被毛光顺。

图8-7　妊娠母羊

173. 繁殖记录主要包括哪些内容?

　　繁殖记录主要包括配种记录（表8-1）、母羊产羔记录（表8-2）、新生羔羊耳标记录（表8-3）、母羊产羔档案（表8-4）和母羊配种档案（表8-5）。配种记录是指记录每天配种公羊所配母羊的情况，通过配种记录可以统计全年配种次数，以及公羊的配种能力等；母羊产羔记录是指记录每天分娩的母羊数量、每只母羊的产羔数量等，产羔记录可以统计一定周期内产羔母羊数量、胎平均产羔数、年产羔数等指标；并在出生后用耳标钳打上耳标，新生羔羊耳标记录是记录每只母羊所生后代的耳标，是血统的重要依据，根据耳标记录可以查询本场繁殖后代的血统，为选种选配提供基础数据；母羊产羔档案是指母羊一生产羔的记录，包含胎次、产羔日期、胎产羔数、初产日龄以及利用年限；母羊配种档案是指每只母羊一生所有配种的记录，包含每次配种公羊信息、配种日期，利用母羊配种档案可以观察母羊发情是否规律，以及判断产后发情时间等信息。

表8-1　配种记录

日期	公羊号	母羊号	配种方式	负责人	备注

表8-2　母羊产羔记录

日期	母羊号	产羔数（只）	羔羊不同性别数（只）		成活数（只）	死亡情况		备注
			♂	♀		数量（只）	原因	

表8-3　新生羔羊耳标记录

母羊号	产羔日期	羔羊不同性别数（只）		种公羊号	耳标		打耳标日期	备注
		♂	♀		母羊号	公羊号		

表8-4　母羊产羔档案

母羊号	胎次	与配公羊	配种日期	总数（只）	不同性别数（只）		成活数（只）	死亡数（只）	备注
					♂	♀			

表8-5　母羊配种档案

母羊号	第一次		第二次		备注	第三次		第四次		备注	第五次		第六次		备注
	日期	公羊号	日期	公羊号		日期	公羊号	日期	公羊号		日期	公羊号	日期	公羊号	

174. 怎样缩短母羊产羔间隔?

（1）采用早期断奶 对于母乳喂养的方式，一般为3 ～ 4月龄断奶，其缺点主要是：①哺乳的母羊由于要照顾羔羊，其体力难以得到恢复，因而延长了繁殖周期，降低了配种利用率。②母羊泌乳3周后，乳量明显下降，羔羊60日龄时母羊乳量已经明显不能满足羔羊的生长需求，限制了羔羊的增重；③常规的断奶方法会导致羔羊的瘤胃和肠道发育迟缓，断奶后的过渡期长，影响断奶后的育肥；羔羊的早期断奶是在常规3 ～ 4月龄断奶的基础上，将羔羊的哺乳时间缩短到40 ～ 60天，并利用羔羊在4月龄时生长速度最快这一特点，使羔羊在短期内迅速育肥，以便达到预期的体重。从理论上讲，羔羊断奶的月龄和体重以羔羊能够独自生活并且能够以饲料为主要营养来源为准。3周龄以内的羔羊应以母乳为营养来源，3周龄以后可以慢慢消化一部分的植物性饲料，8周龄后瘤胃已经充分发育，能够消化大量的植物性饲料，此时可以进行断奶。羔羊断奶后，母羊可以减少体力消耗，体况迅速恢复后可以为下一轮配种做好准备，从而缩短了母羊的繁殖周期；羔羊断奶后可以较早采食植物性饲料，促进了瘤胃的发育。断奶后用代乳粉饲喂羔羊，可以为羔羊提供全面的营养，从而促进了羔羊整体的生长发育，并且还能降低常见病的发病率，提高羔羊的成活率。

（2）采用频密产羔体系来增加母羊产羔数 对于常年繁殖的母羊要缩短其空怀期，使母羊隔6 ～ 7个月产羔1次，一年产羔2次或两年产羔3次；对羔羊进行提早断奶，由4个月断奶改为1.5 ～ 2.5个月断奶，使哺乳的母羊可以早发情配种；还可以适当地将母羊的初配年龄提前，继而使母羊一生的产羔数量增加。频密产羔体系是增加羔羊数量的有效方法，但要对母羊和羔羊都加强饲养管理。

（3）进行早期妊娠诊断 随着养羊产业规模化和集约化的不断提高，在羊繁殖领域中，大多借助B超诊断技术对母羊进行早孕诊断，一般在配种后40～45天进行，这一技术的应用，提高了妊娠诊断的准确性，缩短了肉羊的空怀天数。

 175. 高产羊群母羊的繁殖利用年限是多少？

通常高产羊群母羊是指产羔间隔为8个月，两年三产，平均每胎产羔数为2只以上，年产羔数为3只以上。在频密繁殖和连续高产的状况下，高产母羊的利用年限为5～6年。

 176. 如何避免母羊的产科疾病？

（1）在母羊围产期保持环境卫生，防止在产道开启的时间段感染病原微生物而造成子宫内膜炎、乳腺炎等。

（2）加强母羊饲养管理，在产前和产后以及哺乳期间，增加日粮营养浓度，给予优质干草和青绿多汁饲料，在舍饲条件下要给予母羊充足的精饲料，增强母羊体质和免疫力。

 177. 怎样减少羊群中不发情母羊比例？

（1）做好生产记录，发现和掌握生殖不正常的母羊，及时进行人工干预，促使其发情。

（2）在产羔环节保持环境卫生，助产时做好消毒，防止母羊因患产科疾病而导致生殖周期异常。

 178. 怎样提高母羊的繁殖效率？

提高繁殖效率首先要从母羊群体选育采取措施，通过选种和选配等技术来提高胎产羔数多和产羔间隔短的母羊比例，如选留胎产羔数多的母羊，增加母羊产多羔的频率，提高群体平均胎产羔数；选留产羔间隔短、发情规律的母羊，产后短时间内发情的羊，缩短产羔间隔，提高母羊的年产羔数。母羊产羔数多是保证羔羊数量的前提和基础，此外还要从羔羊出生成活率、断奶成活率等方面来做好工作，保证母羊产出健康的羔羊。

179. 怎样提高母羊胎产羔数？

胎产羔数主要取决于公、母羊是否含有多胎基因，因此要选留含有多胎基因的种羊，另外还要做好选配工作，人为选择公、母羊进行交配。选配是选种工作的延续，有了优良的种羊，选配很关键，直接决定选种的结果，因此选种与选配是规模羊群杂交改良及育种工作中两个相互联系、密不可分的重要环节。选配的意义在于使公羊和母羊的固有优良性状稳定地遗传给下一代，将分散在公羊和母羊身上的优良性状结合并传给下一代，将不良性状或缺陷性状削弱或剔除。此外，在牧区广泛采用的定时输精技术，由于该技术应用的PMSG具有促进更多卵泡发育的效果，也可以明显提高母羊的胎产羔数（图8-8）。

图8-8　定时输精技术提高母羊胎产羔数

180. 怎样提高母羊年产羔数？

年产羔数主要取决于两个指标：一是胎产羔数，二是产羔间隔。因此，应从遗传角度和选种选配技术层面要提高母羊胎产羔数；从繁殖产羔体系方面，应加强管理，缩短产羔间隔，让羊群80%～90%的母羊能够实现两年三产。

 181. 母羊流产率高的原因有哪些？

引起母羊流产的因素有很多，大致可分为传染性疾病流产和非传染性疾病流产两大类。传染性疾病流产主要由布鲁氏菌病、沙门氏菌病、焦虫病等导致；非传染性疾病流产主要由近亲繁殖、胎死腹中、胎盘坏死、子宫炎症、饲喂发霉变质的饲料、饲料有毒、日粮中营养不平衡或供应量不足、顶撞外伤、惊吓、药物和防疫不当等引起。

 182. 影响母羊受孕率的因素有哪些？

（1）母羊正常的发情排卵生理　进入性成熟的母羊或者产后断奶的母羊能够正常发情排卵是受孕的前提。

（2）配种环节　配种是受孕的关键环节，无论自然交配还是人工授精，尽量通过人为干预来增加精子和卵子结合的概率从而增加配种受孕率。

（3）饲养管理　在受孕前和配种后都要做好饲养管理，确保母羊能够正常发情排卵，为配种后能够受孕保证良好的体况。

 183. 母羊同期发情的技术方法有哪些？

经过多年的研究与应用，形成了两种主要方法：孕激素＋促性腺激素法和PG处理法。孕激素使用方法有两种：皮下埋植和阴道栓，其中阴道栓最常用。

（1）孕激素阴道栓法　这种方法是将孕激素以海绵栓或有效释放装置如阴道孕酮栓（CIDR）等形式埋置在阴道，预处理一定时间（图8-9）。由于孕激素短期处理后母羊发情率较低，因此在阴道栓中加入一定比例的雌激素或处理开始时注射一定的雌激素以加速黄体消退，处理结束后给予一定量的促性腺激素释放激素（GnRH）或促卵泡激素（FSH）、孕马血清促性腺激素（PMSG），可以促进卵泡发育和排卵，提高受胎率。孕激素阴道栓配合促性腺激素又衍生出很多方法，如孕激素+GnRH，孕激素+FSH，孕激素+PMSG等。

图8-9　埋植阴道孕酮栓

孕激素阴道栓+PMSG法最常用，目前被认为最适用于绵羊，是既简便效果又好的一种方法，目前国内使用的孕酮栓有两种：CIDR和海绵栓。CIDR价格较海绵栓高，但效果要好于海绵栓。

（2）PG处理法　用PG对羊进行同期发情，必须是在繁殖季节已到、母羊即将进入发情周期时。绵羊发情周期的第4～16天，PG处理才有效，由于羊的黄体在上次排卵后第5天和第4天才对PG敏感，故一次PG处理后的发情率理论值为70%左右，因此通常采用两次注射PG或其类似物。第一次注射PG 10～14天后再次进行PG处理。$PGF_{2\alpha}$的用量是肌内注射4～6毫克，PGc的用量是50～100微克。PG同期发情后第一情期的受胎率较低，第二情期相对集中且受胎率正常。

184. 提前配种对母羊有哪些影响？

提前配种可以缩短母羊从性成熟到产羔的间隔，增加繁殖效率，但如果幼龄母羊体况不好、发育慢，虽然达到了性成熟，但体成熟滞后，过早配种会影响母羊自身发育，可能会导致体格发育减缓。

九、羔羊管理篇

185. 初生羔羊的生理特点是什么?

（1）体温调节能力差　羔羊需热多产热少，皮肤薄，皮下脂肪少，保温能力差，特别是出生后几小时最易受寒冷刺激，诱发感冒、肺炎等病。

（2）免疫器官发育不完善，抗病力弱　初生羔羊如能在产后2小时内吃到足量初乳，可以获得母体的免疫抗体，但是如果未能及早吃到足量初乳，随着时间延长，初乳中免疫抗体含量迅速减少，同时羔羊胃肠对抗体的吸收能力也迅速下降，羔羊依靠母羊获得的免疫能力有限，抗病力也减弱。

（3）消化机能不健全　初生羔羊前胃很小，结构和功能都不完善，皱胃起主要作用。羔羊吸吮母乳直接经封闭的食管沟到达皱胃，被皱胃消化酶消化，此时羔羊与单胃动物相似。新生羔羊肠道占整个消化道比例为70%～80%，此时整个消化道为无细菌环境，肠道适应性差，各种消化酶不健全，肠神经的反射相当弱。从呼吸道和食管进入机体的细菌定植后，才建立正常的微生物群落。因此，羔羊消化能力差，易患消化不良和营养性腹泻。

（4）肺脏功能弱　出生后，羔羊吸食母乳，肺脏扩张，开始具备气体交换功能。但此时，肺小叶的肺泡壁相当薄，血液内的吞噬细胞较少，对外来细菌、灰尘和低温刺激的抵抗力弱，极易发生感冒易并发肺炎。

（5）肝功能弱　羔羊肝脏的解毒能力弱，对营养物质分解合成的能力更弱，出生后5～7日龄内几乎无分解合成葡萄糖的能力。

186. 断奶前羔羊的消化生理有何特点?

羔羊出生后，由靠母体的血液提供营养物质过渡到靠母乳而生存，机体发育不完善，消化系统尚未发育健全，对营养物质的消化吸收能力弱。羔羊消化道发育可分为三个阶段：出生至21日龄为无反刍阶段，22～56日龄是过渡阶段，57～90日龄为反刍阶段。

（1）无反刍阶段（21日龄内）　羔羊在3周龄以内主要以母乳为营养来源，母乳经闭合的食管沟直接进入皱胃，在胃蛋白酶和凝乳酶作用下初步消化，到达小肠后经胰蛋白酶进一步消化被小肠吸收，此过程与单胃动物相似。羔羊出生时消化道结构及酶系适于消化液态母乳中的营养物质，胃蛋白酶和凝乳酶活性较高。出生后1周左右，羔羊就开始学母羊探寻嫩草和饲料。此时羔羊可适当以易消化的精饲料和优质青干草诱导采食，刺激胃肠道发育、刺激反刍，促进羔羊发育。

（2）过渡阶段（22～56日龄）　羔羊自3周龄时开始向反刍阶段过渡，此时羔羊通过摄入母乳及与周围环境的大量接触，微生物进入瘤胃、繁殖扩增，瘤胃微生物区系开始形成；另外瘤胃乳头状突起逐渐发育、体积增大。消化道内辅助消化酶活性开始增强，14～42日龄期间淀粉酶和蛋白酶的活性开始明显升高，28日龄开始纤维素酶的活性也明显升高，49日龄麦芽糖酶的活性逐渐显示出来，56日龄时胰脂肪酶的活性达到最高。

随着消化器官发育和辅助消化酶活性增强，羔羊对各种粗饲料的消化能力逐步增强，20～40日龄羔羊开始出现反刍行为，逐渐过渡到采食植物性饲料。

（3）反刍阶段（57～90日龄）　57日龄到断奶为反刍阶段，瘤胃、网胃和瓣胃发育接近完善，到45日龄时羔羊瘤胃、网胃占全部胃重的比例已接近成年羊，而皱胃比例急剧减小，消化道发育基本成熟，羔羊进入瘤胃消化阶段，可以像成年羊一样采食和利用大量植物性饲料，此时对羔羊进行断奶较为适宜，符合羔羊的生长发育规律。

187. 羔羊的营养需要量如何？

羔羊的营养供给决定未来羊生产性能的发挥。羔羊期要供给营养丰富、易消化的营养物质（刁其玉等，2006），表9-1为绵羊羔羊的营养需要量。

表9-1　绵羊羔羊每日营养需要量

体重 (千克)	日增重 (千克/天)	干物质采食量 (千克/天)	消化能 (千焦/天)	代谢能 (千焦/天)	粗蛋白质 (克/天)	钙 (克/天)	总磷 (克/天)	食用盐 (克/天)
4	0.1	0.12	1.92	1.88	35	0.9	0.5	0.6
4	0.2	0.12	2.8	2.72	62	0.9	0.5	0.6
4	0.3	0.12	3.68	3.56	90	0.9	0.5	0.6
6	0.1	0.13	2.55	2.47	36	1	0.5	0.6
6	0.2	0.13	3.43	3.36	62	1	0.5	0.6
6	0.3	0.13	4.18	3.77	88	1	0.5	0.6
8	0.1	0.16	3.1	3.01	36	1.3	0.7	0.7
8	0.2	0.16	4.06	3.95	62	1.3	0.7	0.7
8	0.3	0.16	5.02	4.60	88	1.3	0.7	0.7
10	0.1	0.24	3.97	3.60	54	1.4	0.75	1.1
10	0.2	0.24	5.02	4.60	87	1.4	0.75	1.1
10	0.3	0.24	8.28	5.86	121	1.4	0.75	1.1
12	0.1	0.32	4.6	4.14	56	1.5	0.8	1.3
12	0.2	0.32	5.44	5.02	90	1.5	0.8	1.3
12	0.3	0.32	7.11	8.28	122	1.5	0.8	1.3
14	0.1	0.4	5.02	4.60	59	1.8	1.2	1.7
14	0.2	0.4	8.28	5.86	91	1.8	1.2	1.7
14	0.3	4	7.53	6.69	123	1.8	1.2	1.7
16	0.1	0.48	5.44	5.02	60	2.2	1.5	2
16	0.2	0.48	7.11	8.28	92	2.2	1.5	2
16	0.3	0.48	8.37	7.53	124	2.2	1.5	2
18	0.1	0.56	8.28	5.86	63	2.5	1.7	2.3

（续）

体重 （千克）	日增重 （千克/天）	干物质采 食量 （千克/天）	消化能 （千焦/天）	代谢能 （千焦/天）	粗蛋白质 （克/天）	钙 （克/天）	总磷 （克/天）	食用盐 （克/天）
18	0.2	0.56	7.98	7.11	95	2.5	1.7	2.3
18	0.3	0.56	8.79	7.95	127	2.5	1.7	2.3
20	0.1	0.64	7.11	8.28	65	2.9	1.9	2.6
20	0.2	0.64	8.38	7.53	96	2.9	1.9	2.6
20	0.3	0.64	9.62	8.79	128	2.9	1.9	2.6

188. 初乳的特点有哪些？

初乳是母羊分娩后7天内产生的乳汁，其中分娩后3天内所产生的乳汁最佳，因其经过加热后容易凝固的特性又被称为胶奶。初乳是新生羔羊获得营养的主要来源，也是羔羊获得母体免疫力的物质基础。另外，初乳含脂量较高，具有轻泻剂的作用，可促进羔羊胎粪顺利排出。

（1）初乳含有丰富的营养物质　初乳干物质含量比常乳高1.6～2.0倍；蛋白质、脂肪、乳糖分别为常乳的3.6、2.0、0.4倍；富含苏氨酸、异亮氨酸、色氨酸、赖氨酸和缬氨酸等多种必需氨基酸；灰分含量和密度均高于常乳；铁、钙、磷、维生素B_1、维生素B_2和维生素E的含量分别为常乳的2.6、7.0、1.1、3.0、17.9和13.5倍；初乳pH和乳糖含量低于常乳。

（2）初乳富含大量的免疫球蛋白和免疫因子　初乳中免疫球蛋白总含量为50～150毫克/毫升，是常乳的50～150倍，主要是IgG、IgM和IgA，其中IgG占80%～90%，IgM约占7%，IgA约占5%。初乳中还含有乳铁蛋白（LF）及胰岛素样生长因子（IGF）等，含量比常乳高10～100倍。初乳还具有杀菌、抗病毒、抗感染、调节生理和代谢、促进新生羔羊生长发育等功能。

189. 羔羊如何哺喂初乳?

初乳对羔羊的成活和生长发育至关重要，补喂初乳的方法有以下三种。

(1) 自由哺乳法　羔羊在胎儿期发育健壮，出生后0.5小时内就能自主站立吃奶，紧跟母羊随时随地寻奶头吸吮，这种方式为自由哺乳。自由哺乳不用人工干预，较省事。但因羔羊吃奶的随机性，无法很好地掌握母羊产奶量等数据，如羔羊长期跟随母羊吃奶，则羔羊恋母不利于以后与母羊分离。

(2) 寄养保姆羊　当母羊缺奶、疾病或死亡时，可将羔羊寄养给产羔日期相近的其他母羊。保姆羊可选择产羔后羔羊夭折的母羊或者是泌乳量大、母性强的母羊。母羊仅依靠嗅觉来识别羔羊，寄养前夜可将保姆羊乳汁涂抹在待寄养的羔羊身上，将羔羊尿液涂抹在保姆羊鼻端，混淆双方气味，如此2~3天，最后将羔羊放入保姆羊栏内，寄养即可成功。

(3) 人工哺乳　人工将母羊奶挤至奶瓶或集中喂奶器中，定量、定时、定温饲喂羔羊，即人工哺乳。人工哺乳又可分为喂奶瓶哺喂和集中喂奶两种。采用喂奶瓶哺喂时，将母羊的初乳挤出，装入消毒后的婴儿喂奶瓶，将橡胶奶嘴放入羔羊嘴内，任其吸吮，羔羊很容易习惯。采用集中喂奶法时，可将多头母羊的初乳奶挤入集中喂奶器，让羔羊围圈共饮。这种喂奶法应该注意，一是初乳挤出后及时补喂，否则易造成羔羊消化不良；二是如果造成羔羊抢食，会导致弱羊因抢不到奶而生长缓慢，应及时进行人工干预。

190. 人工哺乳的注意事项有哪些?

(1) 防止急躁　羔羊开始不会或不习惯喝奶，需进行人工训练，慢慢使其养成习惯。要求操作人员要有耐心，切勿强迫硬灌，否则奶水呛入气管，会导致羔羊咳嗽甚至呛死。

（2）要做到"三定" 特别是人工哺乳，喂奶时间、喂奶量、奶温要保持恒定，切勿忽早忽晚，这些羔羊难以形成良好的采食习惯。奶温保持在38 ～ 42℃，奶温太低易造成羔羊腹泻，奶温过高又易烫伤消化道，建议现挤现喂、现冲现喂。喂量应掌握好，切忌饥一顿、饱一顿，初乳喂量建议每天约为羔羊体重的1/5，可随着体重增加而逐渐增加，人工哺喂频率为4 ～ 5次/天。

（3）注意卫生 羔羊喂奶用的奶瓶、集中喂奶器、橡皮奶头等，每次用完都应洗刷干净，消毒、晾干后再用。挤奶前要对母羊的乳头用清洁的温水清洗，同时保持羊舍卫生、干燥，确保羔羊健壮生长。

191. 羔羊的接产操作要点是什么？

产羔前首先将母羊乳房周围及后肢内侧的羊毛剪净，以免产后污染乳房；用温水将母羊乳房、尾根、外阴部及肛门洗净，并用1%的来苏儿溶液消毒。

（1）母羊正常分娩时，在羊膜破后几分钟至30分钟左右，羔羊即可产出，先看到前肢的两个蹄，随后是嘴和鼻，头部紧靠在两前肢的上面，到头顶露出后羔羊就可顺利产出。若是产双羔，一般先后间隔5 ～ 30分钟，偶尔也有间隔数小时的，因此当母羊产出第一个羔羊后，必须检查是否还有第二个羔羊，方法是用手掌在母羊腹部前方适当用力向上推，如系双羔，可触到光滑羔体。

（2）当胎位不正，对于初产、老龄、体弱母羊，或者产道狭窄、羔羊过大难产时，必须进行助产。当羔羊前肢和嘴露出后，一手保护阴部，另一手拉住前肢向下方用力；当羔羊头部露出后，一手拉前肢，另一手拖住羔羊体侧，趁母羊努责之际，顺势拉出胎儿。也可将手臂消毒后涂上灭菌液状石蜡，将胎儿送入子宫，矫正胎位胎势后再行拉出。

（3）遇到难产时，判定其原因，检查胎势。当见到蹄尖时，首先要区别是前肢还是后肢，如为倒生尾位，则先看到蹄底、蹄尖在下，蹄背在上；如为正生头位，则先看到头和两个前肢，蹄尖在上，蹄背在下。

当难以断定时，可用手指触摸区别是前肢的膝部还是后肢的跗关节，根据其先端特征来区别。异常胎势需要恢复正常胎势时，则需将胎儿送回子宫。这时可用较长的消毒纱布系住蹄子，便于拉出以区别是前肢还是后肢。

192. 羔羊常见胎势不正有哪几种？应该如何处置？

羔羊常见的胎势不正有以下6种。

（1）头出前肢不出　前肢膝部前置，或者肘部屈曲，也可能出一前肢弯一前肢。这时如胎儿存活，产道也较大，可将母羊的后躯垫高，将胎儿送回子宫内部，然后分别将前肢拉引到前面。操作时注意避免蹄尖碰到子宫，造成创伤。如胎儿已死，头部过大或者产道狭窄，则请兽医将头部切断，肢解后取出。

（2）前肢出头不出　胎儿头向后仰、向下弯，或头颈侧弯。如时间较短，则首先寻找头部，如前肢已占据产道，则在蹄部先系上纱布，然后再送回子宫。在头部位置轻度不正时容易恢复正常；如为显著不正，则将前肢尽可能送入子宫深处，伸手探摸头部，用手固定耳、颈部、眼窝等，将头部位置矫正到正常状态。

（3）前肢先出胎势上仰　可将两前肢用纱布系住，轻轻送回子宫，伸手挡住胎儿臂甲下侧，将胎儿恢复为正常胎势。如不矫正胎势，可在母羊努责时将胎儿向母羊尾根方向轻拉，也可恢复正常。

（4）后肢先出胎势上仰　确定子宫颈开口是否充分，如开张不全，为避免子宫颈口破裂，必须待其充分开张，然后用上法将胎儿恢复正常。

（5）臀部先出　首先将手伸入产道深处，判定异常胎势，然后将胎儿尽量推回子宫，利用手指操作，将胎儿恢复正常胎势。

（6）四肢先出　先确定是单羔还是双羔。如果是单羔，则用纱布分别将四肢缚住，再将胎儿变成尾位胎势拉住后肢纱布，将前肢送回子宫。采用这种方法时，关键在于正确判断前肢和后肢。另一种是将胎儿变成正位胎势，即拉住前肢纱布，将后肢送回子宫，然后伴随母羊努责，轻轻拉出胎儿。

193. 羔羊出生后的护理要点有哪些？

羔羊产出后要进行以下几项护理。

（1）清除口鼻黏膜　双手握住羔羊双后肢倒提起来，轻轻地左右拍打羔羊胸部，待羔羊大声鸣叫后再放下，防止其吸入胎水（图9-1）。

（2）让母羊把羔羊身体舔干　母羊一般产后会自然站立舔舐羔羊身上的黏液，对于母羊不舔羔羊的，可在羔羊身上撒些麸皮。母羊不能站立的，要把羔羊身上涂一点胎水或者母羊乳汁，再放在母羊的鼻子前刺激母羊认羔，增加母子亲和度。此时注意接产人员手套不能有异味，接生一只羔羊换一副手套，防止母子错乱。此时有意留作保姆羊的要备留其胎液。另外要防止其他待产母羊靠近羔羊，避免产生产羔抑制，造成待产母羊不能及时发动分娩（图9-2）。

图9-1　拍打羔羊后背　　　　　　图9-2　母羊舔干羔羊

（3）断脐　自然分娩的羔羊脐带一般会自行拉断，接羔者要把脐带内的血液挤净，涂上碘酒消毒。人工断脐时，接产员戴好消毒手套把羔羊放在干净的接产布上，在距离羔羊肚皮约5厘米的地方用手指向两边撸血后钝性撕断，用5%的碘酊消毒脐带。需要特别注意脐带特别粗或血液特别多的羔羊，应稍晚些断脐，并向羔羊腹部一侧单向撸血，血少后再断（图9-3）。

图9-3　羔羊断脐

（4）及时称重　把舔干的羔羊称重，注意每只羊羔都用一块干净的塑料布隔开，防止沾其他羊羔身上的异味，造成母羊拒绝哺乳羔羊。称重后详细记录。

（5）尽早吃初乳　把奶头里的奶塞轻轻地挤出几滴扔掉，再挤出一些奶水涂抹在乳头附近，诱使羔羊早吃奶，防止羔羊闻到刺激性气味不吃奶。产多羔的，要让弱羔、母羔先吃上奶水，强壮的羔羊、公羔后吃；多羔的第一羔少吃。人工辅助吃奶要两侧乳房均匀哺喂，防止初产母羊乳房发育不均匀。

（6）预防疾病　吃足奶水后的羔羊，用0.5毫升长效土霉素注射液注射或者口服喂给羔羊，有疫情的羊场需要连服3天，防止杂菌感染，同时防止地方病发生。

 194. 初生羔羊的适宜环境条件是什么？

初生羔羊体温调节能力差，部分器官发育尚未完全，对环境调节要求较高，适宜温度为24 ～ 27℃，待出生1周后羔羊适宜温度为10 ～ 25℃，适宜的环境湿度为40% ～ 65%（图9-4）。母羊产房内应避免冷风进入，舍内冬季风速不超过0.1

图9-4　地面铺垫料以改善羊舍环境

米/秒，夏季可适当加大气流速度。产房内避免强光直射，应以柔和的自然光照为宜，照度不超过30～50勒克司。产房内宜保持安静，适宜的声音为40.3～72.6分贝。

 195. **假死羔羊的紧急抢救方法有哪些？**

羔羊出生后，身体发育正常，没有出现鸣叫和呼吸，肋部不出现起伏，心脏仍有跳动，这种情况叫假死。此时若发现羔羊虽然不见呼吸动作，但羊口腔黏膜粉红，有光泽；或用手触摸羔羊心脏部位，有跳动感，则可诊断为羔羊假死。

羔羊假死的产生原因有以下三种。

（1）羔羊未产出就过早地呼吸，从而吸入羊水；或者分娩时间过长等，引起羔羊缺氧，造成假死。

（2）羔羊出生后未及时清除口鼻黏液，致使其呼吸受阻，引起羔羊缺氧而假死。

（3）羔羊出生于室外寒冷环境，冷风刺激尚未发育完善的呼吸系统，造成呼吸迫停，出现假死。

接产时若发现假死羔羊，可采取以下方法使羔羊复苏。

（1）把羔羊呼吸道内吸入的黏液、羊水清除，擦净鼻孔，提起羔羊两后肢，使羔羊悬空并轻拍其背、胸部；使堵塞咽喉的黏液流出，同时刺激肺呼吸。

（2）把羔羊放在前低后高的地方仰卧，手握前肢，多次前后屈伸，用手轻轻拍打胸部两侧；或者两手分别握住羔羊的前后肢，向前向后慢慢活动。

（3）往鼻腔内吹气或做人工呼吸，短时假死的羔羊，经过处理后，一般都能复苏。

（4）对于呼吸迫停的假死羔羊，要把羔羊移入温暖地方，并进行温水浴，水温为38～42℃，头部露出水面，时间为20～30分钟。

196. 母羊奶水不足或产子过多，羔羊如何寄养或人工喂养?

若母羊产后泌乳量过低，则应进行羔羊寄养或人工哺乳。在选择保姆羊时，应选择产羔期相近、营养状况良好、健康、母性好、产单羔的母羊。由于母羊的嗅觉灵敏，拒绝性强，所以应将保姆羊的胎水或乳汁涂在羔羊臀部或尾根上，将羔羊的尿液抹在保姆羊的鼻子上，使母羊认羔，利于寄养。于晚间将保姆羊和寄养羔关在一个栏内，经过短期熟悉，保姆羊便会让寄养羔羊吃奶。

当找不到合适的保姆羊时，须进行人工哺乳。选用新鲜牛奶，要求定时、定温、定量，奶温38～40℃，初生羔羊每天哺乳4～5次，每次喂100～150毫升，以后按羔羊体重20%确定哺乳量，逐渐减少哺乳次数。哺乳初期采用有奶嘴的奶瓶进行哺乳，防止乳汁进入瘤胃后异常发酵进而引起疾病，同时严格控制哺乳卫生条件。

197. 羔羊断奶方法有哪些? 如何早期断奶?

生产中一般3月龄断奶，母子分开。羔羊断奶时间应根据其消化系统、免疫系统的成熟程度和羊场具体条件而定。羔羊断奶方法有一次性断奶法和分次断奶法。

（1）一次性断奶法　是最常用的断奶法。断奶前后要增加母羊日粮中山楂渣、去火健胃散、电解多维等，减少精饲料和青绿多汁饲料的喂量。将母羊转到空怀母羊舍内，羔羊留在原舍，母羊和羔羊隔离，达到互相听不见叫声为宜。羔羊饲喂颗粒饲料和优质的干草，并以鲜嫩的青草为补充，自由采食和饮水。

（2）分次断奶法　当母羊产双羔或多羔，且羔羊发育不整齐时，可采用分次断奶法。先将发育好的羔羊转移到育成羊舍，与母羊隔开一定距离；发育较差的羔羊继续留在产房内哺乳一段时间，达到断奶体重后，再将母羊转移到空怀母羊舍。分离出来的羔羊按照一次性断奶法管理。

198. 羔羊出生后各阶段补饲什么饲料？

根据羔羊的消化生理特点，在出生后1周羔羊即开始探寻鲜嫩牧草和饲料，一般在7～12日龄即可尝试开食，最初要喂给少量的嫩草和绿树叶、优质紫花苜蓿草，上面可洒少量的羔羊奶粉；12日龄后增加羔羊开口颗粒饲料，并补充胡萝卜；18日龄后可逐渐饲喂少量青贮饲料；20日龄后增喂益生菌，同时每天加喂食盐3～5克；30日龄饲喂颗粒饲料达到100～150克、青贮饲料100～150克、胡萝卜50～100克、混合饲草200～450克。

在当前舍饲肉羊生产中，一般以精饲料颗粒料开食为主。

199. 羔羊何时去角？去角的方法有哪些？

去角的目的是为了便于管理，防止羊争斗引起损伤或顶伤饲养管理人员，一般在羔羊出生后5～10天去角。去角的方法包括以下三种。

（1）烙铁法　用300瓦的手枪式电烙铁或丁字形烙铁在角突部位烧烙。烙掉皮肤，再烧烙骨质角突，直至破坏角芽细胞的生长。烧烙时应将羔羊保定，固定头部时，用手握住嘴部，使羊不能摆动而发出叫声为宜，但要防止用力过度而使羊窒息。也可以使用羔羊保定箱来保定，防止因羔羊挣扎而烙伤头部其他部位。每次烧烙一般10秒左右为宜，全部完成需要3～5分钟。

（2）化学法　首先剪掉角突周围羊毛，然后在角突周围涂一圈凡士林，以防药液流入眼睛或损伤周围其他组织。再用苛性钾棒在两个角芽处轮流涂擦，以去掉皮肤，破坏角芽细胞的生长，一般涂擦3～5分钟，边涂边观察。

（3）锯断法　对于幼龄时未去角或角没有去净的羊，可用去角锯将其角顶端锯断；锯断后涂抹消炎药物，用纱布包扎，防止出血过多。

200. 羔羊何时断尾？断尾方法有哪些？

对于一般体重的羔羊，在7～10日龄断尾；对于初生重超过5千克的单羔，最早在4日龄就可以断尾；对于双羔或弱羔可以延后到15日龄断尾。

断尾方法很多，常用的有烧烙法、止血钳法，以及目前较常采用的专用胶圈断尾。用专用胶圈紧紧缠绕在羊尾巴上同一位置三圈，系牢。胶圈弹性差或者没有系牢，容易导致肿胀感染。

断尾的位置一般在3～4尾椎之间，种公羊可以在第2尾椎后。以大脂尾或者短脂尾的羊为母本杂交的，要选择在第4尾椎上断尾。

在断尾前对羊舍进行带羊消毒；在断尾后10～15天，尾自行脱落后，要用碘酊彻底消毒尾椎断裂处，如创口有污染应用过氧化氢溶液清洗消毒。用具和尾巴清理后深埋处理。

断尾一般选择在晴天的早晨进行。断尾前让羔羊充分吃奶，断尾完成后让羔羊找母羊吃奶，防止羔羊有更大的应激反应。对于母性不好、多胎的母羊，要将母羊与断尾的羔羊单圈饲养1～2天。

201. 放牧饲养模式下，如何对羔羊进行补饲？

为使羔羊获得更完全的营养物质和促进其消化系统的发育，一般羔羊生后7～12天开始诱导吃料，喂给少量精饲料，要求精饲料颗粒质地疏松、易于消化，放置在羔羊补饲栏的小食槽内，最初喂量不宜过多，随吃随添。精饲料喂量一般是每天每只羔羊从20克逐渐增至100克；羔羊可随母羊一起采食青贮饲料、青绿饲料和柔软干草。

羔羊性情活泼，出生后7天，若天气温和，可让羔羊在舍外晒太阳，最初晒30～60分钟，每天1次，以后逐渐增加，1个月后即可随母羊外出放牧。羔羊放牧地应该选择平坦、牧草旺盛、距羊舍较近的草场，便于中午回羊舍补饲。放牧饲养时，刚满月的羔羊要根据天气状况确定放牧时间和补饲量。羔羊45日龄以后可随母羊全天放牧。对于人工哺乳的羔羊，可采取上午挤奶后哺乳1次，中午和晚上放牧后各哺乳1次。羔羊和母羊分开放牧和分开舍饲，单独补草补料，每天补喂混合精饲料100～150克、优质青干草100～200克。

 202. 初生羔羊腹泻的原因以及治疗方案？

羔羊腹泻主要危害7日龄以内的羔羊，其中又以2～3日龄的羔羊发病最多，7日龄以上的羔羊很少患病。

促进（造成）羔羊腹泻发生的原因是：①母羊妊娠期营养不良，羔羊体质瘦弱；②哺乳不当，羔羊饥饱不均，或者人工哺乳时奶温、奶量和浓度不适宜；③母羊有副结核病病等传染病，发生垂直传播，羔羊带有副结核病菌引起腹泻；④气候寒冷，特别是大风雪后，羔羊受冻。

（1）预防方法

①母羊在每年秋季注射羔羊痢疾苗或羊快疫、猝狙、肠毒血症、羔羊痢疾、黑疫五联苗，产前2～3周再接种1次。

②在羔羊出生后12小时内，灌服土霉素0.15～0.2克，每天1次，连续灌服3天。

③做好羊舍防寒保温，避免初生羔羊受凉。

（2）治疗方法

①用土霉素0.2～0.3克、胃蛋白酶0.2～0.3克、加水灌服，每天2次；

②用磺胺脒0.5克、鞣酸蛋白0.2克、次硝酸铋0.2克、碳酸氢钠0.2克，加水灌服，每天3次。

 203. 如何防治羔羊消化不良？

羔羊消化不良又称"羔羊积奶症"，是冬季初生羔羊常见病之一（图9-5）。该病多发生于1～3日龄的初生羔羊。患羔病初可见精神不振、食欲减退或废绝，被毛蓬乱，喜卧，可视黏膜轻微发紫等表现，有时用手可以触摸到胃内未消化的奶块，随后则会频繁排粥样或水样稀便，有时一天多达十几次，粪便酸臭，呈暗黄色或灰白色，治疗不及时羔羊会因衰竭或脱水而亡。

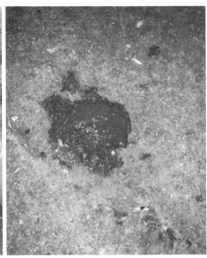

图9-5　羔羊积奶症

（1）预防方法　加强母羊妊娠期饲养管理，提供全价饲料。人工饲喂时做到定时、定量、定质。冬季做好新生羔羊的保温工作。

（2）治疗方法

①将病羊置于清洁、干燥、温暖的羊舍内，禁食8～10小时，饮服畜禽口服电解质溶液。对羔羊灌服液状石蜡30～50毫升以排除胃肠内容物。

②为促进消化，羔羊喂乳酶生1～2片（乳酸菌素片或其他益生菌制剂也可），每天3次。一次灌服人工胃液10～30毫升，人工胃液配比为胃蛋白酶10克、稀盐酸5毫升、水1 000毫升混匀。胃蛋白酶、胰酶、淀粉酶各0.5克，加水一次灌服，每天1次，连

用数天。

③为了防止继发感染，可以给病羊喂土霉素0.25克，每天2次，连喂3～5天。

④对于腹泻严重出现脱水的羔羊，用5%葡萄糖生理盐水500毫升，5%碳酸氢钠50毫升、10%樟脑磺酸钠3毫升，混合静脉注射。

 204. 如何防治羔羊大肠杆菌病?

羊大肠杆菌病是由埃布氏大肠杆菌引起的，感染的羔羊出现严重的腹泻和败血症，粪便颜色为黑色或白色，有时候会伴有便血，死亡率极高。

（1）类型　根据临床症状有败血型和肠炎型两类。

①败血型　多发生于2～6周龄的羔羊。发病急，死亡快（4～12小时死亡）。呈菌血症，体温升高到41.5～42.5℃，出现脑神经症状，视力障碍，盲目行走，头弯向一侧做转圈运动，步态蹒跚；倒地头向后仰，一肢或四肢呈游泳状；口流泡沫，鼻流黏液；有的继发肺炎、关节炎等症；伴有经轻微腹泻或未见腹泻即死亡。

②肠炎型　多发于7月龄内的羔羊，病初体温升高到40.5～41℃，下痢后体温下降。粪便为黄色或灰白色粥状或水样，内含气泡，混有血液或黏膜。病羊腹痛，虚脱，于24～36小时死亡。病死率15%～25%，有时见化脓性纤维素性关节炎。

（2）治疗方法　治疗方法为抗菌消炎。内服土霉素2～3克，每天2次，或肌内注射庆大霉素或卡那霉素，每只每次5～10毫升，每天2～3次。也可内服磺胺素。以上药物可交替使用。对脱水病羊可输液及饮服补液盐，补充体液。

 205. 如何制订羔羊的驱虫计划?

在对羔羊进行驱虫时，第1次驱虫一般选择在50日龄，第2次驱虫是在90日龄，以后每隔3个月进行1次驱虫。驱虫药物可使用伊维菌素注射液皮下注射，对体内外寄生虫均有很好的驱虫效果。肠道寄生虫严重时可配合阿苯达唑片口服效果更佳，具体使用剂量参照药品说明书使用。

 206. 断奶前羔羊需要做哪些免疫？免疫计划是什么？

断奶前，羔羊需要做三联四防疫苗、小反刍兽疫疫苗、口蹄疫疫苗的免疫接种。免疫计划见表9-2。

表9-2　羔羊免疫计划

疫苗种类	免疫时间	免疫方法	保护期
口蹄疫疫苗	断奶后（4月龄）首免，1个月后加强免疫1次，之后每6个月免疫1次	肌内注射	4～6个月
小反刍兽疫疫苗	90日龄后首免	肌内注射	36个月
三联四防疫苗	30日龄后首免（母羊产前免疫的不免）	皮下或肌内注射	12个月
羊痘疫苗	30日龄后首免	尾根皮内注射	12个月
羊传染性胸膜肺炎灭活疫苗	20日龄后首免，每年2次	皮下注射	12个月

 207. 羔羊白肌病的症状有哪些？如何诊断和防治？

白肌病呈地方性、区域性发生。以羔羊和青年羊剧烈运动后，突然死亡为特征。羔羊主要表现为肌肉乏力，全身颤抖，行走困难；食欲废绝，可视黏膜苍白，心搏加快，呼吸急促；最后卧地不起，角弓反张，衰竭而死。

（1）诊断方法

①平时饮食欲正常，唯有在剧烈运动后突然倒地，片刻后又

站立采食。②可视黏膜苍白，心搏疾速，生长缓慢，日渐消瘦。③运动障碍，发生顽固性腹泻。

（2）预防方法　在易发病地区冬季给妊娠后期母羊注射0.1%亚硒酸钠4～8毫升、维生素E 50～100毫克。给羊补饲苜蓿和紫云英的青草或干草，可以预防本病发生。

（3）治疗方法　0.1%亚硒酸钠溶液，1毫升皮下注射，维生素E 100～150毫克配合应用，肌内注射。

 208. 提高羔羊断奶成活率的技术要点有哪些？

哺乳期羔羊培育水平直接关系到断奶期成活率，是提高母羊繁殖成活率的关键。可以采取以下技术方法提高断奶成活率。

（1）做好母羊补饲　羔羊出生以后2个月左右仅靠母乳提供营养，母羊产羔后补饲可利于泌乳量逐渐上升。在4～6周内达到泌乳高峰期，10周后逐渐下降，泌乳前期（羔羊出生2个月内）增加母羊干物质采食量的同时，补饲青绿多汁饲料，胡萝卜每天哺喂0.5千克，放牧带单羔母羊补喂混合饲料0.3～0.5千克/天。

（2）做好产房环境控制　气候寒冷季节应采取保温措施使产羔房温度达0～5℃，同时不能留有贼风。产羔房内还应配备产羔栏和母子栏，位置设在产羔房的一端，每个母子栏的面积为1.6～1.8米^2，以供产后2～3天的带羔母羊使用。产羔房内要铺干燥的垫草并注意随时加铺和更换。母羊进舍前彻底消毒。

（3）羔羊吃好初乳　尽量保证羔羊出生后2小时内吃足初乳，无法吃到初乳的，要及时找保姆羊代乳。

（4）给羔羊补饲料　按照羔羊消化生理特点，7～12日龄开始可尝试诱食，21日哺喂开食颗粒料和优质干草，56日龄至断奶在哺乳基础上，可以饲喂颗粒饲料和优质干草以及青贮饲料。羔羊的补饲应注：①尽可能提早补饲；②当羔羊习惯采食饲料后，所用的饲料要多样化、营养好、易消化；③饲喂时要少喂勤添；④要做到定时、定量、定点，并保证饲槽和饮水的清洁卫生。

（5）羔羊按时断奶　一般羔羊3月龄断奶，生长慢、体质小的羔羊可适当延迟到4～5月龄断奶。

（6）疫病的预防　做好饲养管理是疫病防治的基础，羔羊主要预防羔羊痢疾，在母羊妊娠期的第3～4月之间接种三联四防疫苗，母羊产生抗体后可通过给羔羊吃初乳，使羔羊获得免疫力。

十、育肥羊管理篇

209. 育肥羊应该选择什么品种?

育肥羊品种的选择要结合当地的实际情况来确定，要选择生产性能好、适应性强、肉质好、饲料利用率高、饲养周期短、经济效益好的优良品种。

目前我国饲养的品种主要是国外引进的优良品种与本地羊的杂交后代，一般常用的有夏洛莱羊、萨福克羊、美利奴羊等与小尾寒羊或者是当地绵羊杂交的后代。在个体选择上一般幼龄羊比老龄羊增重速度快、育肥效果好，因此，育肥羊首选3～4月龄的羔羊（图10-1）。这样的羊生长发育速度快、肉品质好。也可以选择成年羊育肥，主要包括架子羊和淘汰的成年羊。

图10-1　3～4月龄的育肥羔羊

210. 为什么年龄较大的公羊育肥要进行去势?

公羊去势成为羯羊后在生长发育，特别增重速度方面虽然将会受一定的影响，但性情温顺，方便管理，容易育肥，节省饲料，并且其羊肉无膻味、细嫩、肉间脂肪分布均匀，在羊肉品质方面要比公羊好得多。因此，凡不作种用的公羊，如若计划进行较长时间的肥育，一般都需去势（图10-2）。

图 10-2　去势育肥的滩羊羯羊

 211. 育肥羊日粮配制时需要注意哪些问题?

（1）根据育肥肉羊品种、体重大小确定育肥进度和育肥方案。由于不同年龄育肥羊所需的营养需要量和增重指标的要求不同，因此必须合理配制日粮。

（2）根据羊的消化生理特点，合理地选择多种饲料原料进行搭配，并注意饲料的适口性。采用多种营养调控措施，以提高羊对纤维性饲料的采食量和利用率为目标，实行日粮优化设计。

（3）要尽量选择当地来源广、价格便宜的饲料来配制日粮，特别是充分利用农副产品，以降低饲料费用和生产成本。

（4）饲料选择应尽量多样化，以起到饲料间养分的互补作用，从而提高日粮的营养价值，提高日粮的利用率，达到优化饲养设计的目标。

（5）饲料添加剂的使用，要注意营养性添加剂的特性，如氨基酸添加剂要事先进行保护处理；抗生素添加剂要注意不要破坏羊瘤胃内的有益微生物。

212. 羊育肥的方式有哪些?

（1）放牧育肥 只能在青草期进行，北方省份一般均处于5月中下旬至10月中旬期间。一般经过夏抓"水膘"和秋抓"油膘"两个阶段，实际就是由显著的肌肉增长变为脂肪沉积的过程。放牧育肥常是草地畜牧业的基本育肥方式，但要求必须有较好的草场。其优点是成本低和效益相对较高，缺点是常要受气候和草场长势等多种不稳定因素的干扰和影响，并因此使得育肥效果不稳定、不理想。放牧育肥羊一定要保证每只羊每天采食的青草量，并特别注意水、草、盐之间的比例，如果羊经常口淡、口渴，或放牧不得法，则必定会影响育肥效果。

（2）舍饲育肥 是根据舍饲育肥育肥前的状态，按照饲养标准的饲料营养价值配制羊的饲喂日粮，并完全在羊舍内饲喂的一种育肥方式。采取舍饲育肥虽然饲料的投入相对较高，但可按市场需要实行大规模、集约化、工厂化养羊（图10-3）。这能使房舍、设备和劳动力得到充分的利用，劳动生产效率也较高，从而降低成本。这种育肥方法在育肥期间可使羊增重较快，出栏育肥羊的活重较放牧育肥和混合育肥高10%～20%，屠宰后胴体重高20%。在市场需要的情况下，可确保育肥羊在30～90天的育肥期内迅速达到上市标准，其育肥期比混合育肥和放牧育肥均短。

图10-3　育肥羊舍

一般舍饲育肥的日粮以混合精饲料的含量为60%～70%、粗饲料和其他饲料含量为30%～40%的配比较为合适。如果要求育肥强度加大，混合精饲料的含量可增加到70%，但绝对不能超过80%。一定要注意防止发生肠毒血症、酸中毒，以及因钙磷比例失调而发生尿结石。

（3）混合育肥　这种育肥方法有两种形式：一种是在育肥全期，羊每天均放牧且补饲一定数量的混合精饲料，以确保育肥羊的营养需要；另一种是把整个育肥期分为2～3期，前期全放牧，中、后期按照从少到多的原则，逐渐增加补饲混合精饲料的量，再配合其他饲料来育肥。开始补饲育肥羊的混合精饲料的量为每天200～300克，最后1个月补饲量增加至每天400～500克。前一种方式与舍饲育肥的方法一样，同样可以按要求实现强度直线育肥，适用于生长强度较大和增重速度较快的羔羊；后一种方式则适用于生长强度较小及增重速度较慢的羔羊和周岁羊。混合育肥可使育肥羊在整个育肥期内的增重比单纯依靠放牧育肥的羊提高50%左右，同时屠宰后羊肉的味道也较好。因此，只要具备条件，还是采用混合育肥的办法更好。

213. 农区羊育肥应该注意哪些问题？

（1）选择适合自己情况的经营模式　首先要结合当地及养殖户本身的实际，选择合适的经营模式，如自己有一定数量的繁殖母畜，就应选择肉用型公羊进行杂交来生产育肥羔羊，可当年见效并获得利润。如果有充足的资金，可一次投资购入一定数量的当年羔羊或育成羊进行阶段性强度育肥，出售后也能获得较高的经济效益。

（2）适度规模经营　羊育肥规模小，则效益较低，要结合自己的饲料自给程度、周转资金的数额、饲养技术和经营管理能力来决定育肥规模。一般应采用从小到大、循序渐进的方式，积累一定的经验和资金后再扩大规模，获取更大的利润。

（3）适度投资设施设备　从事羊育肥所需圈舍及设施设备，要尽量利用自有资金，因地制宜地改造现有房舍或利用旧材料搭建。而贷款的使用仅限于购置羊和一定数量的饲料。基础设施的投入不会产生收入，只有经过阶段性的羊育肥、增重才能带来收益，养殖户应避免先期将大量的资金和贷款用在修建羊舍上，而应将主要资金用于购买育肥羊。

（4）认真及时地开展经营核算和效益分析　不论育肥规模大小，一定要进行经营核算，及时记录育肥中饲料的消耗量、防治疫病的费用等，要从这些基本数据中分析经营情况和经济效益，从而做到心中有数，及时发现经营中存在的问题并加以解决。同时，应尽可能多地获取各种与养殖业有关的市场信息。

（5）从科学饲养管理入手，增加收入降低成本　从事羊育肥，一要选择生长快、产肉性能好的羊品种。二要采用先进的育肥技术，提高日增重，缩短育肥周期，尽可能节约饲料费用等开支，降低饲养成本。实践表明，在羊育肥中应选择肉用型、肉毛（奶）兼用型或肉用型杂交羊进行育肥，比用土种或原始品种羊催肥快，育肥周期短，效益高；在年龄选择上，幼年比老年或淘汰羊催肥快，育肥周期短，效益高。三要科学合理地配制饲料，在饲料中加入一定比例的微量元素和无机盐类，以促进育肥羊生长。有条件的养殖户应尽可能做到饲料自给，自行种植多年生牧草或饲用玉米，生产青干草或青贮饲料，从而降低育肥成本。四要做好育肥羊的防疫驱虫和圈舍的清洁、消毒工作，定期进行疫苗注射以减少疫病的发生、掉膘和不必要的损失。

（214.）育肥日粮配制应注意哪些问题？

（1）确定舍饲羊群中羊的平均体重和日增重水平，作为日粮配方的基本依据，根据确定的体重来设计专属这一体重阶段的饲料配方。至于日增重水平，是由羊的品种决定，一般不需要考虑太多。

（2）计算出每千克饲粮的养分含量，用羊的营养需要量除以羊的采食量即为每千克饲粮的养分含量。

（3）确定拟用的饲料，列出选用饲料的营养成分和营养价值表，以便选用计算。

（4）以日粮中能量和蛋白质含量为主，留出矿物质和添加剂的份额，一般为1%～5%，试配初步混合饲料。

（5）在保持初配混合饲料能量浓度和蛋白质含量基本不变的前提下，调整饲料原料的用量，以降低日粮成本，并保持能量和蛋白质符合需要。

（6）在能量和蛋白质含量以及饲料搭配基本符合要求的基础上，调整钙、磷、食盐以及添加剂等指标。

215. 肉羊育肥前应做好哪些准备工作?

（1）饲料　日粮中蛋白质部分也应首先考虑饼粕类植物性高蛋白质饲料，以降低饲料成本。要做到育肥期不断料，饲料不轻易变更。在以谷类饲料和棉籽饼、菜籽饼为主的日粮中，可将钙含量提高0.5%，防止尿结石。

（2）饮水　注意饮水卫生，夏防晒、冬防冻，必须保证有足够的清洁饮水，不断盐。羊舍地面干燥，通风良好。羊活动面积，当年羔羊为0.8～1米^2，成年羊为1.1～1.5米^2。

（3）防疫驱虫　要做好育肥圈舍消毒和羊进圈前的驱虫工作，并注射四联苗，防止肠毒血症。如果是毛用羊，育肥前剪毛对增重有利；老龄母羊使其妊娠，也有利于抓膘增重。

（4）预饲过渡期　预饲期一般为10～15天，如羔羊1～3天喂干草，让羔羊尽快适应新环境。在这之后仍以干草为主，但逐步添加日粮，到第7天全部喂日粮，喂至第10～15天，成年羊可预饲10天。日常饲粮中可添加脱霉剂对少许霉变饲料进行脱霉。

216. 肉羊育肥的功能性添加剂主要有哪些?

（1）瘤胃素　是经一种灰色链球菌发酵而产生的抗生素，常作为肉羊养殖中的增重剂。瘤胃素在肉羊的饲养中主要作用是提高饲料的利用率，减少瘤胃蛋白质的降解，增加过瘤胃蛋白质的数量。同时还可影响碳水化合物的代谢，提高丙酸的比例，给肉羊提供更多的能量，从而加快增重速度。

（2）缓冲剂　肉羊常用的缓冲剂有碳酸氢钠和氧化镁。在肉羊强度育肥时，日粮中精饲料的比例较大，会导致瘤胃中产生过多的酸性物质而使肉羊的食欲下降，同时还抑制瘤胃微生物的活动，造成饲料的消化能力减弱。在使用缓冲剂时，可以中和瘤胃中的酸性物质，为瘤胃微生物的生长、繁殖提供适宜的条件，还可以增加肉羊食欲，从而提高饲料转化率。

（3）酶制剂　作为一种具有生物催化作用的蛋白质，其特点是用量少、催化效率高。在肉羊养殖中使用可以促进肉羊对饲料中营养物质，如蛋白质、淀粉、脂肪和纤维素的水解，提高饲料的利用率，促进肉羊生长。

（4）杆菌肽锌　是一种抑菌促生长剂，其作用是促进营养物质在肠道内的消化吸收，改善饲料的利用率，以促进体重的增长。

（5）二氢吡啶　其作用是抑制脂类的过氧化作用，和维生素E的某些功能较为相似，可以提高肉羊对胡萝卜素和维生素A的吸收利用。

（6）喹乙醇　其作用是影响机体的代谢，可促进蛋白质的同化作用，可将羔羊的日增重提高5%～10%，并且在食用后24小时内可通过肾脏排出体外，如果按有效剂量使用，副作用较小。

（7）中草药类添加剂　可以起到预防疾病、改善机体生理状况、促生长以及提高日增重的作用，因其为天然中草药，副作用小，在目前的养殖生产中越来越得到广泛应用。

异地育肥羊入场的免疫流程是什么？

（1）隔离　如果羊场本身有羊，新购的羊不能立即入圈，要在隔离圈观察21天左右，如果没有发生疫病，方可并入大群。

（2）并群　购进的新羊在草料过渡后便可正常饲喂，待隔离期限一到，观察羊群的饲粮、精神、运动是否正常，在确定无异常情况并接种疫苗后，即可归入大群饲养。新购的羊稳定后，按照每只羊占地0.5米^{2}的要求放入小圈中，即每20～30米^{2}的小圈中放入40～60只羊，以便于饲养管理。

（3）驱虫　给每只羊喂服丙硫苯咪唑5.0～15.0毫克/千克（按体重计），或用伊维菌素按0.2毫克/千克（按体重计）的剂量给羊内服或皮下注射，以驱杀其体内、外寄生虫。若驱虫不彻底，7天后再进行第2次驱虫。

为什么羔羊育肥是目前世界各国羊育肥的主流？

羔羊生产周期短，生长速度快，饲料报酬高，便于组织专业化、集约化生产；羔羊肉鲜嫩多汁，瘦肉多、脂肪少、膻味轻、味鲜美，容易消化吸收，深受消费者喜爱；6～9月龄宰杀的羔羊可剥取质优价高的毛皮；羔羊当年屠宰利用，可提高羊群出栏率、出肉率和商品率，同时对减轻越冬度春期间的草场压力和避免冬春季节掉膘或死亡损失，也是有利的。

生产大理石花纹羊肉的技术要点有哪些？

（1）根据生产的不同阶段合理地调整饲料营养含量：20～30千克和30～40千克生长阶段舍饲滩羊代谢能分别为8.8兆焦/千克和8.5兆焦/千克，日粮蛋白质水平分别为11.7%和11.5%。

（2）日粮中添加适量的功能性添加剂，有研究表明，日粮中

N-氨甲酰谷氨酸和胍基乙酸调对于改善舍饲滩羊脂肪分配和提高胴体品质、肉质的效果最为明显。

（3）大理石花纹羊肉的形成与羊本身的基因有关，选择优良品种的羊可获得高等级的大理石花纹羊肉。图10-4所示为滩羊肉大理石花纹形成过程。

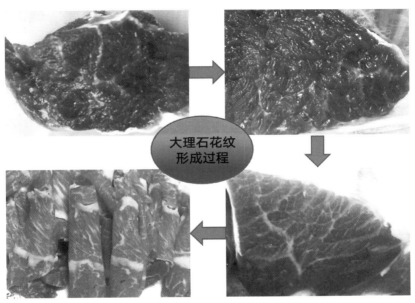

图10-4　滩羊肉大理石花纹形成过程

220. 羊育肥为什么强调使用当地的饲料资源？

（1）利用当地农业生产中所剩余的秸秆等物质制作饲料，既利用了农产品的剩余价值，又节省了饲料的花费。

（2）充分利用当地特有的饲料资源，使其最大化利用。

（3）利用当地饲料资源不仅能有效地提高畜牧业的发展，还能影响农业的发展方向，有利于当地农业畜牧业的多元化。

（4）减少外来饲料可能带来的危害，包括疫病、运输过程中的饲料污染、运输时间过长导致饲料产生的霉变。

（5）促进当地饲料生产企业的发展。

 221. 为什么羊育肥前要进行驱虫工作？

粗饲料、牧草等食物易与细菌接触，使羊的消化道容易感染各种寄生虫病，影响肉羊生长效果。驱虫可减少羊在育肥过程中的发病率。

（1）在羊进入正式育肥之前驱虫，能提高育肥效果。

（2）大量寄生虫生于羊体内时，就会分离一种抗蛋白酶素，导致羊体胃腺分泌蛋白原的障碍，使蛋白质不能吸收，同时还影响钙、磷的吸收。

（3）寄生虫的代谢产物也会影响造血器官的功能和改变血管壁的通透性，从而引起羊腹泻或便秘。

（4）当羊体内有寄生虫时，病羊会表现出食欲不振、消化不良、便秘、粪便带血、顽固性或周期性腹泻；羔羊、幼年羊会生长缓慢、被毛干枯、不光亮，成年羊消瘦、育肥困难。

 222. 生物饲料对育肥羊健康高效生产有哪些作用？

（1）**生物饲料添加剂** 能够提高饲料利用效率、改善动物健康和生产性能，主要包括微生物饲料添加剂、酶制剂和寡糖等。

（2）**发酵饲料** 能够提高饲粮的营养价值和适口性；提高育肥羊的生产性能；能够改善育肥羊产品质量，包括提高肌肉嫩度、增加肌肉红度和亮度、提升大理石纹等级、降低背最长肌的滴水损失和蒸煮损失、提高羊肉的嫩度评分；能够增强育肥羊机体免疫功能（在育肥羔羊日粮中添加10%复合菌培养物，血清IgG、IgM、IL-6含量及GSHPx活性显著升高）。

223. 全混合日粮颗粒饲料在育肥羊生产中的优势有哪些?

（1）避免挑食　全混合日粮颗粒饲料混合均匀、营养均衡，能有效避免羊挑食。

（2）改善饲料适口性，提高采食量　与传统的粗、精饲料分开饲喂的方法相比，全混合日粮颗粒饲料可增加羊体内益生菌的繁殖和生长，促进营养的充分吸收，提高饲料利用效率，可有效解决营养负平衡时期（如冬季）的营养供给问题。

（3）增强瘤胃机能，有效预防消化道疾病　羊用全混合日粮颗粒饲料既可以保证羊的正常反刍，又大大减少了羊反刍活动所消耗的能量，并有效地把瘤胃pH控制在6.4～6.8，有利于瘤胃微生物的活性及其蛋白质的合成，从而避免瘤胃酸中毒和其他相关疾病的发生。实践证明，使用羊用全混合日粮颗粒饲料数月，不仅可降低消化道疾病90%以上，而且还可以提高羊的免疫力，减少流行性疾病的发生。

（4）提高生长速度，缩短存栏期　这种饲料是根据羊各个生长阶段所需的营养，更精确地配制均衡营养的饲料配方，使日增重大大提高。如山羊体重10～40千克，日增重可达到200克，与普通自配饲料相比可以缩短存栏期3个月。

（5）提高劳动生产率，降低管理成本　饲喂羊用全混合日粮颗粒饲料，可大大提高人工效率。

（6）提高羊肉产品的产量和质量　对于肉羊来讲，饲喂羊用全混合日粮颗粒饲料，不仅可以提高屠宰胴体重和胴体级别，而且还能使羊肉口感更加鲜嫩、细腻。

224. 育肥羊生产中预防尿结石的营养调控措施有哪些?

（1）避免在3月龄前阉割公羔　过早阉割的公羔，由于性激素的不足，导致阴茎与尿道的发育受阻，因尿道狭窄而极易引发尿结石。因此，应尽可能地避免在3月龄前阉割公羔，并适当推迟阉割年龄。但是早熟羊须在3月龄阉割，如推迟阉割就应在该年龄段将公、母羔分开饲养。

（2）采用自由采食的饲喂方式　由于采用每天饲喂羊1～2次的方式，会引发羊饲喂后抗利尿激素的释放，导致尿的排出量暂时性减少，从而增加尿液的浓度，提高羊患尿结石的风险。因此，首选的饲喂方式是自由采食。

（3）补充维生素A　维生素A可以减少膀胱上皮细胞的脱落，而脱落的上皮细胞正是形成尿结石的原因。因此，必须补充足量的维生素A或者多喂维生素A含量丰富的饲料，以满足羊对维生素A的需要。

（4）定期进行预防性排石　冬、春两季每月用双氢克尿噻排石1次。发现尿结石患羊，立即停喂麸皮，多喂优质青干草和胡萝卜等饲料。轻症羊每只喂服双氢克尿噻0.2克，同时全群进行预防性排石，并注意给羊多饮温水。

（5）及时治疗羊泌尿器官疾病　一旦发现羊患有泌尿器官疾病，就要对其进行治疗，防止尿液滞留。治疗采用肌内注射0.5克头孢噻呋钠＋鱼腥草注射液，并配以呋塞米注射液，同时以膀胱穿刺作为辅助治疗。

225. 如何制订科学合理的育肥羊生产规划？

（1）制订育肥计划　根据羊的膘情和体重、体质，以及公、母进行分群，制订详细的育肥计划。用料配比不一样，分群越细越好。六成膘情羊一般育肥45～60天，膘情太差的时间要长一些。羔羊一般育肥90天。育肥羊入圈定舍后就要重新称重编号，选择上、中、下三个等级有代表性的羊。出栏时称量增重，屠宰时观察屠宰率和净肉率，有利于生产管理和饲料对比等经济效益分析。

（2）安全调理过渡　入场过渡期前3天避免惊扰，让羊充分休息，减少应激反应。刚入场的羊6～12小时内不要饮水，12～24小时内不要饲喂精饲料，用品质好的粗饲料饲喂，饮麸皮盐水汤，逐步投喂精饲料。育肥羊饲喂次数每天2～3次，3次为佳，饲草转化效率高。定时饮水比自由饮水效果好。安全度过7～10天，过渡期间对羊进行驱虫、健胃和免疫。

①驱虫　内服、皮下注射或肌内注射伊维菌素、阿维菌素等。育肥60天以上的60天后进行第二次驱虫。空腹驱虫4～6小时后，先喂草、后喂料、再饮水。驱虫所用的驱虫药品严格按照药品的使用说明使用。

②健胃　春季收羊应健胃、清肺；夏季收羊应清肺、消炎；秋季收羊应理肺、止咳、泻火。如有消化不良等肠道症状可选用酵母粉、益生菌类药品调理消化功能。

③防疫　必须注射羊肠毒血症三联四防疫苗以及口蹄疫疫苗。

（3）合理调配饲料　根据育肥羊的体重，膘情等因素合理调配日粮组成。保证营养水平，并要保证一定量的纤维素含量来促进反刍。拌料程序：草粉、植物皮类、糟渣类、玉米，最后加浓缩料，现拌现用。

226. 育肥羊饲料配方中地源性资源高值化开发的技术措施有哪些？

育肥羊饲料配方中地源性资源高值化开发的技术主要由微生物发酵饲料发酵技术组成。发酵饲料不但可以弥补常规饲料中容易缺乏的氨基酸，而且能使其他粗饲料原料营养成分迅速转化，增强消化吸收利用效果。根据获得产品的不同，发酵可分为微生物酶发酵、微生物菌体发酵、微生物代谢产物发酵、微生物的转化发酵、生物工程细胞的发酵。最常见的发酵饲料主要包括木薯渣、秸秆加工饲料、棉菜茶粽饼粕（如棕榈粕、豆粕、棉粕、菜籽粕、油茶籽饼、蓖麻饼等）、动物下脚料、潲水发酵饲料、菌糠加工饲料、果渣、酒糟、青贮饲料、生物蛋白与肽等。

227. 开发功能性育肥羊肉的措施有哪些？

（1）选择肉羊杂交体系　不同的肉羊品种的羊肉品质也存在很大的差异，在品种的选择上要注意选择生长速度快、饲料转化率高的肉羊品种。目前肉羊养殖多选择杂交品种进行饲养，一般从国外引进一些优良品种与当地的肉羊品种进行杂交，利用杂交优势，获得杂交二代或者杂交三代，使后代具备亲代优点。

（2）改变饲养方法

①将全天放牧改为限时放牧和补饲，每天放牧 3.5 ～ 5.0 小时，在放牧的同时驱赶羊行走 2.5 ～ 4.0 千米，补饲饲料精、粗比为 1 ：1，每天补饲 2 次，2 次间隔 4 ～ 8 小时。其关键在于结合适量运动，调控羔羊的选择性采食，使其饲粮组成更利于促进胴体功能性脂肪酸的沉积。

②放牧饲养的羊产出的羊肉比舍饲羊羊肉膻味小。

（3）在日粮中添加功能性物质作为添加剂

①日粮中添加适量共轭亚油酸、油脂、藻类等添加剂，能有效提高羊肉中亚油酸、α-亚麻酸、饱和脂肪酸、多不饱和脂肪酸含量。还可以可显著降低羔羊胴体脂肪，增加胴体肌肉沉积。

②日粮添加乳酸菌，影响羊肉的风味组成及相对含量，羊肉中主要脂质氧化产物显著减少，这说明乳酸菌可抑制肌肉的过度氧化，平衡羊肉风味。

③添加 β-羟基-β-甲基丁酸盐复合物，减少肌内脂肪的沉积，同时提高肌内单不饱和脂肪酸的含量，有助于提高必需氨基酸的含量。

④添加草药等物质，中草药添加剂能够增加肉羊体重，促进肉羊激素合成与分泌，改善羊肉品质。

（4）适时屠宰　羊在不同时期屠宰，羊肉中所含功能性物质不同。适时屠宰能有效提高羊肉中功能性物质的含量。肉羊宰前和宰后的不同处理方法都会直接对羊肉品质产生重要影响，屠宰前的短途运输、合理禁食、适当休息以及有效的屠宰方式对减少肉羊的宰前应激、提高羊肉品质有不同程度的影响。

樊慧丽, 付文阁, 2020. 我国羊肉市场价格波动影响因素分析 [J]. 畜牧兽医, 39(01): 27-31.

龚团莲, 2017. 羊产前瘫痪概述及病例分析 [J]. 畜牧与饲料科学, 38(05): 109-111.

哈那提别克·拖列吾克, 2014. 一种新型牲畜药浴池在阿勒泰的应用及效益分析 [J]. 新疆农机化, 30(04): 48-50

姜勖平, 朱德江, 沈洪学, 等, 2018. 南方家庭羊场舍饲生产模式和品种选择 [J]. 养殖与饲料, 17(11): 28-29.

李军, 金海, 2020. 2019 年肉羊产业发展概况、存在问题及对策建议 [J]. 中国畜牧业, 56(03): 160-166.

刘刚, 杨景晃, 曲绪仙, 2019. 山东省羊产业发展形势分析 [J]. 中国畜牧业, 48(08): 42-43.

孙月英, 2018. 肉羊养殖增收实用技术探讨 [J]. 当代畜牧, 36(26): 11-12.

王丽娟, 刘莉, 叶得明, 2013. 甘肃省肉羊产业组织模式选择的影响因素 [J]. 干旱区地理, 36(06): 1170-1176.

张淼洁, 李靖宁, 左兴文, 等, 2017. 宁夏同心县一起羊炭疽疫情的暴发调查 [J]. 中国动物检疫, 34(2): 5-8.

张鹏, 王永, 2011. 我国肉羊产业发展的前景、问题及对策 [J]. 中国畜牧业, 47(10): 15-18.

周高宁, 2019. 呼伦贝尔西旗羊肉营销策略研究 [D]. 福州 : 闽江学院.

周思思, 周发明, 2020. 基于 4P 理论的生态农产品营销困境与对策 [J]. 农业经济, 40(08): 130-132.

Thompson J M, Meyer H, 1994. Body condition scoring of sheep. http://eesc. orst. edu/agcomwebfile/edmat/ec1433. pdf, last access: 2. 6. 2003.